OLI

L'Astronomie
en 36 questions

Le Temps Apprivoisé
18, rue de Condé
75006 Paris

Pour Frédérique

Conception graphique, mise en page,
photographies et schémas : Olivier Sauzereau

Photographie de couverture : observation de l'occultation de la planète Vénus par la Lune le 12 juillet 1996, avec un groupe de vacanciers, depuis le refuge du Col d'Anterne (Haute-Savoie) à 2 002 mètres d'altitude .

© 1999, Buchet/Chastel - Pierre Zech Éditeur, Paris
Dépôt légal : 3ᵉ trimestre 1999
ISBN : 2-283-58360-8
Imprimé en Italie

S O M M A I R E

Pourquoi s'intéresser à l'astronomie ? 7
La Lune 9
Les mers lunaires 11
Les cratères lunaires 13
Les phases de la Lune 15
Un clair de Terre sur la Lune 17
Les marées 19
Le Soleil 21
Comment observer le Soleil ? 23
Les aurores boréales 25
Les éclipses 27
Les planètes 29
L'étoile du berger 31
La comète de Halley 33
Les comètes 35
Les étoiles filantes 37
L'étoile Polaire 39
Les constellations 41
Et l'astrologie ? 43
Mais, qu'est-ce qu'une « année de lumière » ? 45
Comment se représenter les dimensions de l'Univers 47
L'espace à quatre dimensions 49
La couleur des étoiles 51
La naissance des étoiles 53
À quoi servent les étoiles ? 55
Les galaxies 57
La Voie lactée 59
Le big-bang 61
Qu'est-ce que l'infini ? 63
Y a-t-il de la vie ailleurs dans l'Univers ? 65
Les trous noirs 67
Pourquoi une pomme tombe-t-elle sur la Terre ? 69
La lunette 71
Le télescope 73
Les observatoires astronomiques 75
Comment observer le ciel ? 77

Bibliographie 78
Index 80

AVANT-PROPOS

L'esprit de cet ouvrage est né dans l'ambiance de fins de soirées estivales. Depuis quelques années, lors des « grandes vacances », je parcours la France, des côtes bretonnes aux montagnes des Alpes, dans le but de projeter, chaque soir, un montage audiovisuel de mes photographies du ciel. Réalisées bien souvent dans des centres de vacances, ces soirées de découverte de l'astronomie révèlent à chaque fois, de la part du public, un fort intérêt et la curiosité d'apprendre sur les sciences de l'Univers. Aussi, ces soirées d'astronomie ouvrent toujours un long débat jusque tard dans la nuit sur de nombreuses questions.

Au fil de ces soirées passionnantes, j'ai pu remarquer un certain nombre de questions et de thèmes revenant régulièrement. Ce sont quelques-unes de ces questions et de ces thèmes qui sont à la base de ce livre. Étant avant tout photographe, l'image photographique est pratiquement permanente au fil de ces pages. Mais j'ai également pris un grand plaisir à les agrémenter, pour la plupart, d'un schéma pédagogique. Photographie, schéma et texte : trois manières complémentaires pour répondre aux « trente-six questions » sur l'astronomie. Pourquoi trente-six, alors que le nombre de questions sur un sujet aussi vaste aurait pu être considérablement plus important ? Derrière l'harmonie du chiffre trente-six, l'idée était de proposer un petit ouvrage

AVANT-PROPOS

destiné à ouvrir le lecteur sur d'autres livres plus complexes. Ce livre ne se veut être qu'une invitation à découvrir le monde passionnant de l'astronomie.

Cet ouvrage n'aurait pu voir le jour sans l'aide précieuse de mon ami Goulven LE NEEL. Je profite de ce moment pour enfin le remercier. Mes remerciements vont également à B. SYSTEM avec Bernard LAUNAY pour son aide et ses conseils dans la mise en page, sans oublier la société DIATHEM avec Laurent VIAUD et Emmanuel DENORT. Je tiens également à remercier Robert GONCZY, astrophysicien à l'Observatoire de Nice, ainsi que Denise, son épouse, qui ont bien voulu relire le manuscrit et formuler de précieuses remarques. Merci enfin à ma fiancée, Frédérique, qui m'a si bien aidé et soutenu tout au long de la réalisation de cet ouvrage.

Nantes, le 9 juillet 1998.

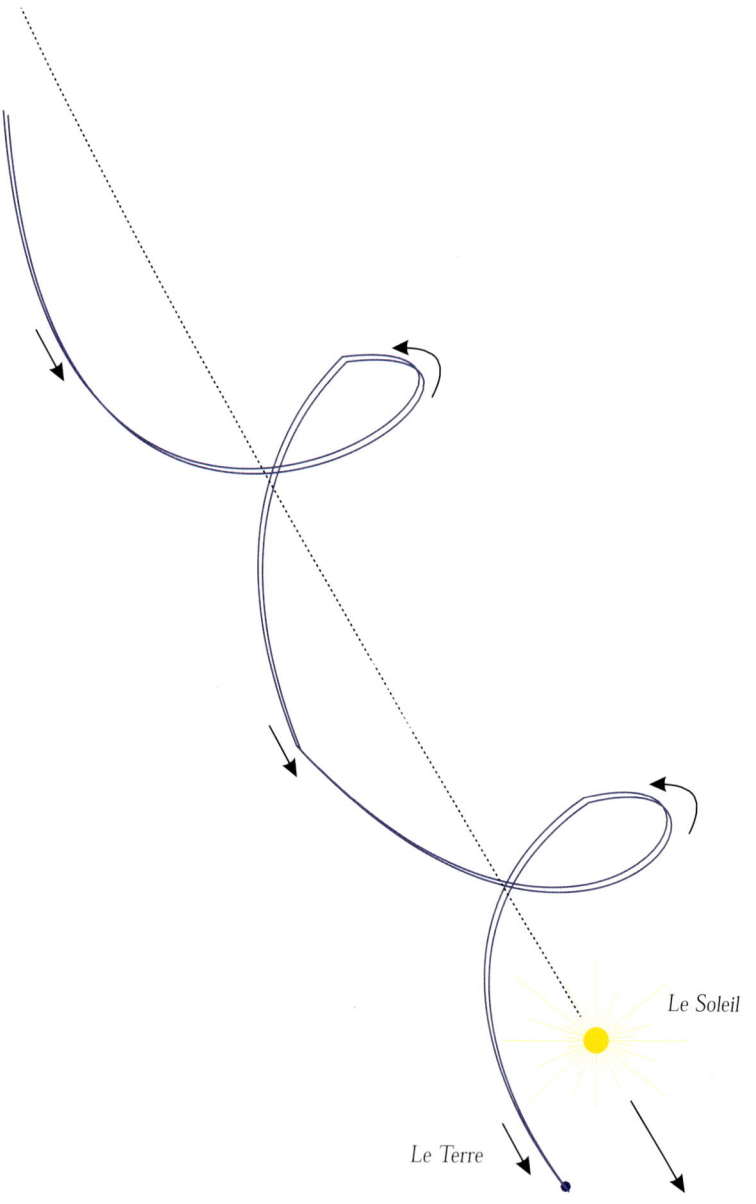

Loin d'être un observatoire fixe, notre planète la Terre « roule » autour du Soleil à plus de 100 000 km à l'heure. Le Soleil lui-même se déplace dans la galaxie à près de 70 000 km à l'heure, entraînant dans son sillage notre planète !

Pourquoi s'intéresser à l'astronomie ?

N'est-ce pas la curiosité qui pousse GALILÉE, lors d'une soirée de 1609, à pointer sa lunette, fraîchement construite, vers la voûte céleste ? N'est-ce pas le désir d'en savoir plus sur ce nouvel Univers révélé qui rend l'astronomie moderne aussi populaire dans la société du XVIIe siècle ? Ces observations de GALILÉE vont complètement révolutionner notre vision du monde. Les astres ne sont plus de simples points de lumière servant de repères pour mesurer les mouvements célestes et déterminer ainsi, entre autres, le calendrier. Non, les planètes et la Lune deviennent des mondes que l'on peut étudier grâce à ce nouvel instrument qu'est la lunette astronomique. Mais surtout, ces observations et découvertes de GALILÉE vont lui donner la certitude, à défaut encore de preuves, que notre planète bouge et tourne autour du Soleil. Cette notion du mouvement de la Terre amène une conception de l'Univers radicalement différente de celle acceptée jusqu'alors. En effet, dans ce nouveau monde, la Terre n'en occupe plus le centre mais devient un astre comme les autres, « roulant » à plusieurs dizaines de milliers de kilomètres à l'heure dans l'espace. Ces nouvelles conceptions posent d'une manière accrue la question de nos origines et du sens de l'Univers. Qui sommes-nous ? D'où venons-nous ? Où allons-nous ?

Cette quête des origines est de nouveau bouleversée trois siècles plus tard. Dans les années 1920, l'astronome Edwin HUBBLE découvre que toutes les galaxies possèdent un mouvement.

Ce mouvement est ordonné : plus une galaxie est située loin de nous et plus elle s'éloigne rapidement. Ce mouvement galactique peut atteindre ainsi les vitesses vertigineuses de dizaines de milliers de kilomètres par seconde ! Cette notion de mouvement de l'Univers amène la notion d'histoire. Il s'agit de l'une des plus grandes découvertes : l'Univers bouge, évolue et possède une histoire et l'une des principales occupations des astronomes est d'en comprendre le fil. Faire de l'astronomie devient alors une préoccupation majeure de la pensée humaine, car vouloir comprendre l'Univers c'est vouloir se comprendre soi-même. Mais, ne serait-ce pas la beauté de la voûte céleste qui pousse également à se passionner pour les sciences de l'Univers ? N'est-ce pas d'ailleurs l'une des premières impressions de GALILÉE lorsqu'il écrit, en 1610, dans son *Messager Céleste* : « C'est un spectacle plein de beauté et de charme que de voir le corps lunaire…».

Lever de Lune sur le Mont-Saint-Michel (35)
Le 2 juin 1989 à 3 h 15 T.U.
Objectif de 300 mm à 2,8.

LA SŒUR CACHÉE DE LA LUNE

Il y a 4,4 milliards d'années, la Terre avait deux lunes ! C'est ce qu'avancent, dans la revue *Nature*, les astronomes Erik Asphaug, de l'université de Californie, à Santa Cruz, aux États-Unis, et Martin Jutzi, de l'Université de Berne, en Suisse. Selon eux, une seconde lune se serait formée en même temps que la nôtre et aurait gravité sur la même orbite. Trois fois plus petite et 30 fois moins lourde, elle aurait été inexorablement attirée par sa grande sœur et aurait fini par la percuter de plein fouet. Le choc à «faible» vitesse (8 600 km/s) aurait remodelé notre satellite, formant un agglomérat de matière accidentée sur la face cachée de la Lune, et un déplacement du magma semi-liquide vers la face visible. Cette hypothèse originale, qui sera peut-être confirmée par la nouvelle mission lunaire GRAIL, de la NASA, explique l'asymétrie des deux faces de la Lune. La partie visible est plate, résultat du durcissement du magma semi-liquide, tandis que la partie cachée est hérissée de pics montagneux et dotée d'une croûte épaisse (50 km de plus que l'autre côté).

L'Actualité, oct. 2011

Les carnets du
vivant

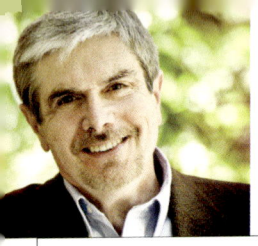

Le *call* de l'orignal, ve

Attention, Edgar l'égaré, des petits malins t'atten
électroniques, dernier gadget des ch

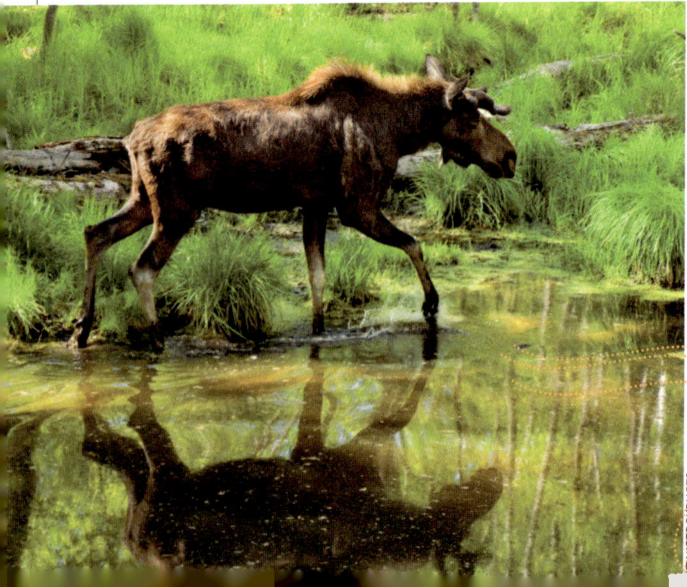

EY/ISTOCKPHOTO

tour à tour ses énor
pour un animal de
Alces alces voit t
trêmement fine et
m'explique mal qu'
qu'il descendait la
d'arriver au lac pa
devant lui. Je l'ai s
la colline, au nord,
sa base et se trouva
généralement pas.
Edgar a de quoi
s'est formé dans l
Virginie, mais ils
forêts. J'ai entend
troniques qu'ils
fait sursauter. C
d'écorce, en in
mettant ses ma
J'ai découvert

La Lune

Première étape d'un voyage vers l'infini, la Lune, petite planète qui tourne autour de la Terre à la vitesse de près de 4 000 km par heure. C'est le satellite naturel de la Terre. Nous pouvons surnommer le couple Terre-Lune la « planète double » du système solaire, car il est rare d'avoir un satellite aussi gros par rapport à sa planète-mère. L'influence gravitationnelle de la Lune a été considérable sur la Terre, à tel point qu'une hypothèse fait remarquer que l'effet des marées, produites en grande partie par la Lune, a peut-être aidé la vie à sortir des océans.

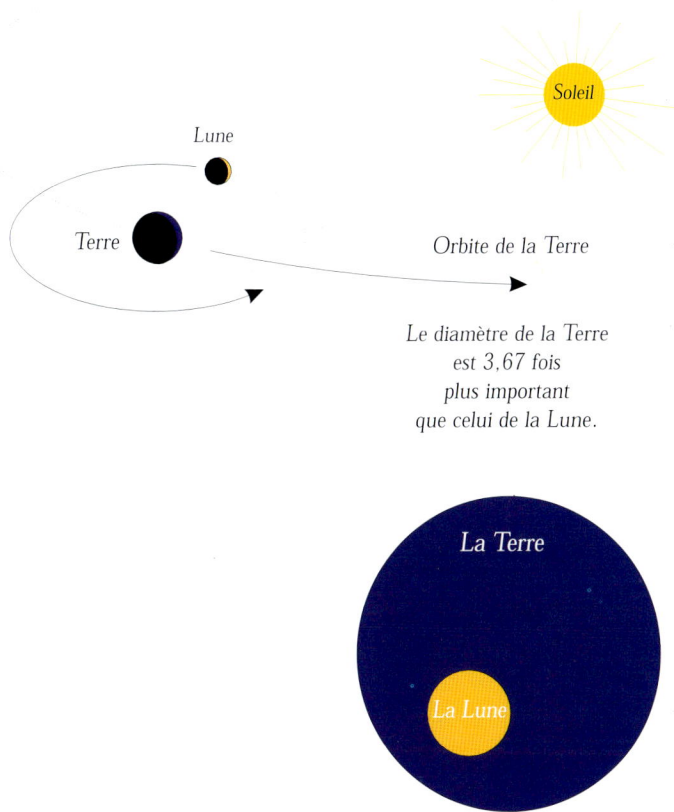

Le diamètre de la Terre est 3,67 fois plus important que celui de la Lune.

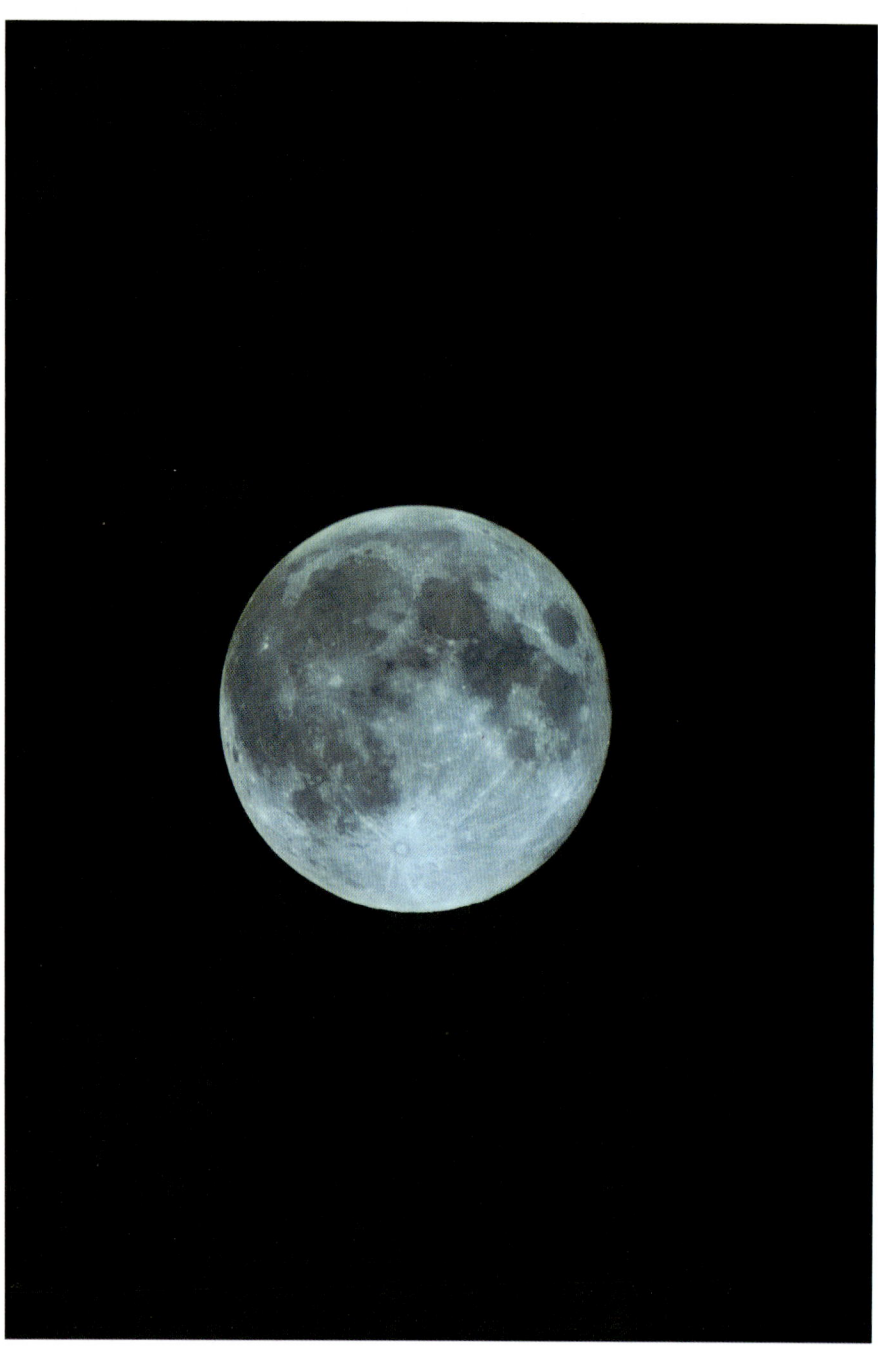

Pleine Lune
Photographiée depuis un balcon de Nantes, le 31 décembre 1990.
Lunette Lichtenknecker de 70 mm de diamètre et 1000 mm de focale.

Les mers lunaires

Une simple observation à l'œil nu permet déjà de remarquer des taches sombres à la surface de la Lune. Ce sont elles qui forment ce que certains voient comme un visage sur la Lune. Ces régions sombres ont reçu les noms de « golfe, mer, océan ». En réalité, ces soi-disant « mers » ne renferment pas une seule goutte d'eau et ne sont que de vastes plaines sombres où, jadis, a coulé la lave, il y a des milliards d'années.

Au XVIIe siècle, avec l'apparition des premières lunettes astronomiques, les observateurs ont pu faire la distinction entre deux types de régions à la surface de la Lune : d'une part, de vastes plaines grisâtres et homogènes que certains ont pris pour des mers - d'où leurs noms - et, d'autre part, des régions tourmentées qu'ils ont appelées continents. Tous ces noms poétiques comme la mer du Nectare, le golfe des Iris ou encore la mer de la Tranquillité nous viennent de cette époque. Une étude plus approfondie, à l'aide d'un télescope, nous fait découvrir que les « mers » possèdent beaucoup moins de cratères que les « continents », ce qui prouve qu'elles sont plus jeunes, c'est-à-dire formées plus tard.

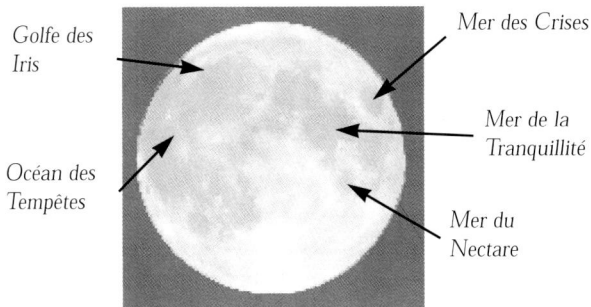

L'observation de la carte ci-dessus nous montre que les « mers » sont plutôt circulaires, ce qui tend à démontrer une origine d'impacts météoritiques. Ce n'est qu'à partir des années soixante, avec la réalisation du programme Apollo, que les astronomes commencent à bien comprendre l'histoire de notre satellite. En particulier l'analyse d'échantillons prélevés précise la nature volcanique de ces « mers », générées par un cataclysme planétaire provoquant un extraordinaire épanchement de lave à la surface du globe lunaire.

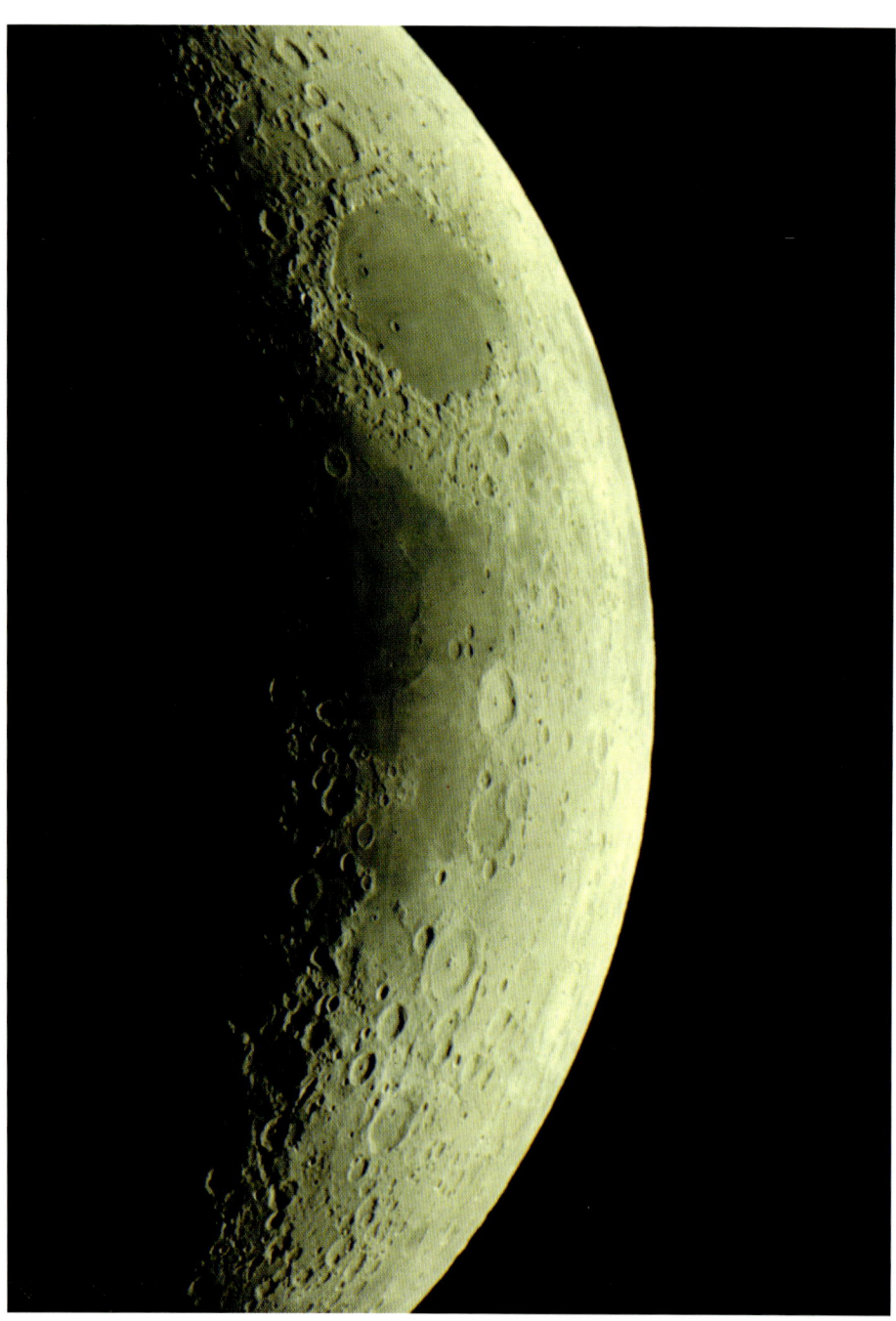

Le premier croissant de Lune
Photographié depuis La Montagne (44).
Télescope de 260 mm à f/d 20.

Les cratères lunaires

Le cratère est l'élément caractéristique de la Lune. La surface de notre satellite est criblée d'une multitude de dépressions circulaires, appelées cirques ou cratères, entourées de montagnes parfois très élevées. Ces formations témoignent de phénomènes extrêmement violents : les impacts de météorites sur la Lune.

La Lune est née il y a 4,6 milliards d'années. Un astéroïde serait venu s'écraser de façon oblique sur la Terre, projetant dans l'espace une énorme quantité de matière (mélange de matière terrestre et de débris de l'astéroïde). Ces fragments, mis en orbite autour de la Terre, se sont regroupés, comprimés et ont formé la Lune. Nous sommes alors au tout début de l'histoire du système solaire. L'espace est envahi de météorites et de planétésimales de toutes sortes. Les collisions sont fréquentes. Une intense période de bombardements météoritiques ravage tout le système solaire et donc la Terre et la Lune. C'est durant cette époque, terminée il y a 3,8 milliards d'années, que s'est formée l'immense majorité des cratères lunaires. Depuis, la Lune n'a pratiquement plus évolué. Ce qui veut dire que lorsque vous regardez notre satellite, vous observez les traces « fossilisées » de phénomènes produits au tout début de l'histoire de notre monde.

Météorite

La formation des cratères sur la Lune (ou sur d'autres planètes) a été produite par la chute de météorites.

Coucher d'un premier croissant de Lune
Photographié depuis le Col d'Aspin (65), novembre 1995.
Objectif de 300 mm à 2,8.

Les phases de la Lune

Merveilleux spectacle quotidien trop souvent ignoré, le changement régulier de l'éclairage lunaire nous offre pourtant l'une des plus belles manifestations célestes.

Les phases de la Lune sont tout simplement dues à des changements de position par rapport à la Terre et au Soleil qui l'éclaire. Le cycle lunaire de 29 jours a permis, durant des millénaires, d'avoir un calendrier précis et visible par tous. Encore de nos jours, la durée du mois est un reste des premiers calendriers lunaires utilisés par nos ancêtres il y a des milliers d'années…

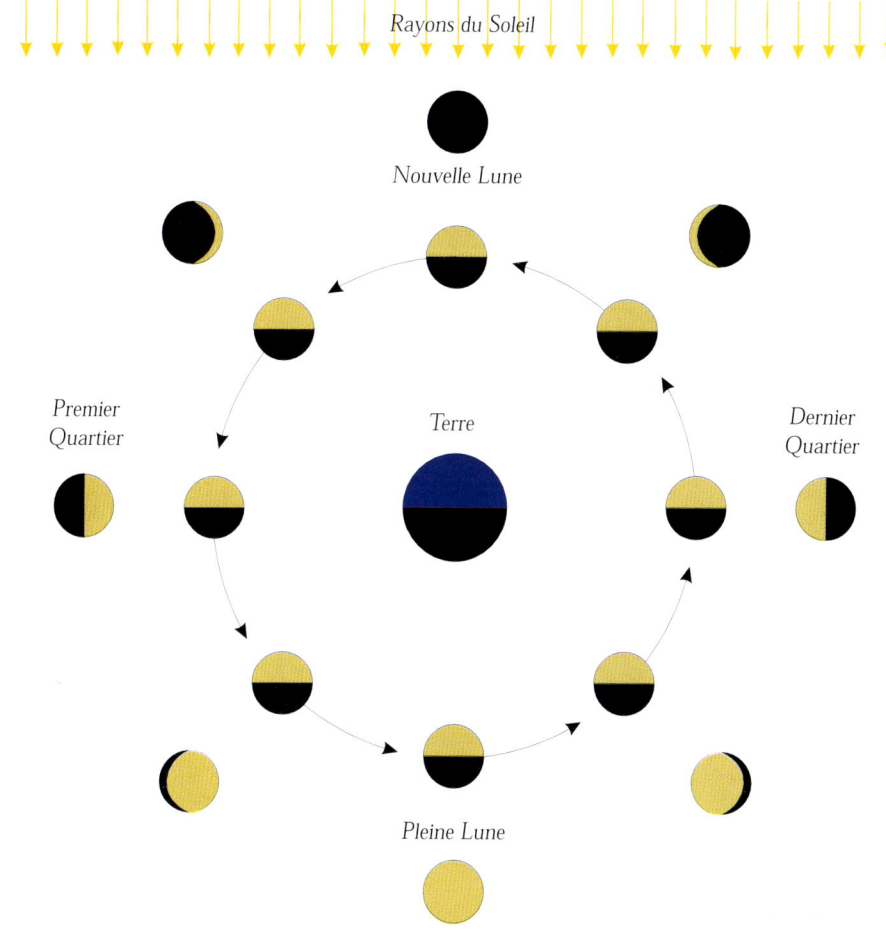

Lever de Lune sur Gourdon (06)
Le 29 août 1989 vers 3 h 45 T.U.
Objectif de 300 mm à 2,8.

Un clair de Terre sur la Lune

Vous avez déjà certainement remarqué que lorsque la Lune est en fin croissant, l'autre partie de la Lune, qui n'est pas éclairée par le Soleil, apparaît d'une lueur subtile. On appelle cela la *lumière cendrée*, et il aura fallu des siècles pour en comprendre l'origine. Certains pensaient alors que c'était une clarté propre à la Lune. D'autres imaginaient que les rayons du Soleil traversaient notre satellite, provoquant ainsi cette lueur. C'est Léonard de VINCI, le premier, qui en donna l'explication : cette lumière cendrée est tout simplement un magnifique clair de Terre sur la Lune !

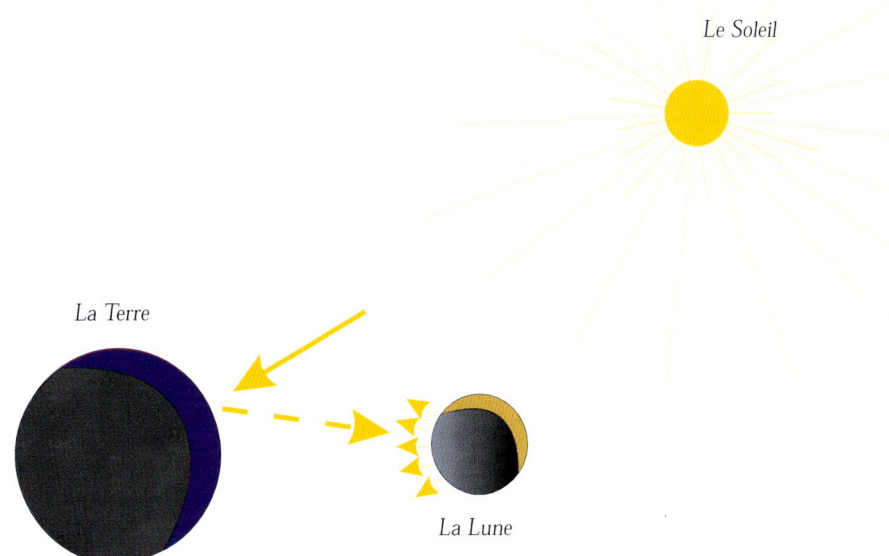

Sur la photographie vous pouvez remarquer le croissant de Lune, partie éclairée par le Soleil, ainsi que l'autre partie de notre satellite sensée être dans la nuit. Cette dernière apparaît d'une lumière ténue : c'est la lumière cendrée.

Sur le schéma, vous remarquez le Soleil qui éclaire la Terre. Cette dernière renvoie vers la Lune une partie de la lumière solaire. Lorsque nous approchons d'un alignement Soleil-Lune-Terre, la Terre renvoie beaucoup de lumière vers une Lune alors plongée dans la nuit. C'est le « clair de Terre » sur la Lune dont une partie de cette lumière est réémise vers la Terre.

Coucher de Lune depuis la Pointe du Château (22)
Photographié le 2 novembre 1997.
Objectif de 85 mm à 1,4 fermé à 2,8.

Les marées

Assis sur un rocher, contemplant l'océan, la vision du mouvement des marées est l'un des plus grandioses spectacles de la nature. Songez à l'énergie considérable nécessaire pour déplacer ces masses d'eau ! Ce phénomène, renouvelé quotidiennement, est d'origine cosmique. En effet, ce sont les forces gravitationnelles de la Lune et du Soleil qui, additionnées, provoquent la montée et la descente de la mer. Notre satellite naturel y participe pour 80 % et c'est son mouvement autour de la Terre et sa position changeante par rapport à la Terre et au Soleil, qui expliquent les intensités variables des marées. Les plus fortes amplitudes des marées sont produites au moment de l'alignement entre la Lune et le Soleil par rapport à notre planète. À l'inverse, les marées aux amplitudes les plus faibles correspondent aux « quartiers de Lune » où la Lune, la Terre et le Soleil forment un angle de 90°.

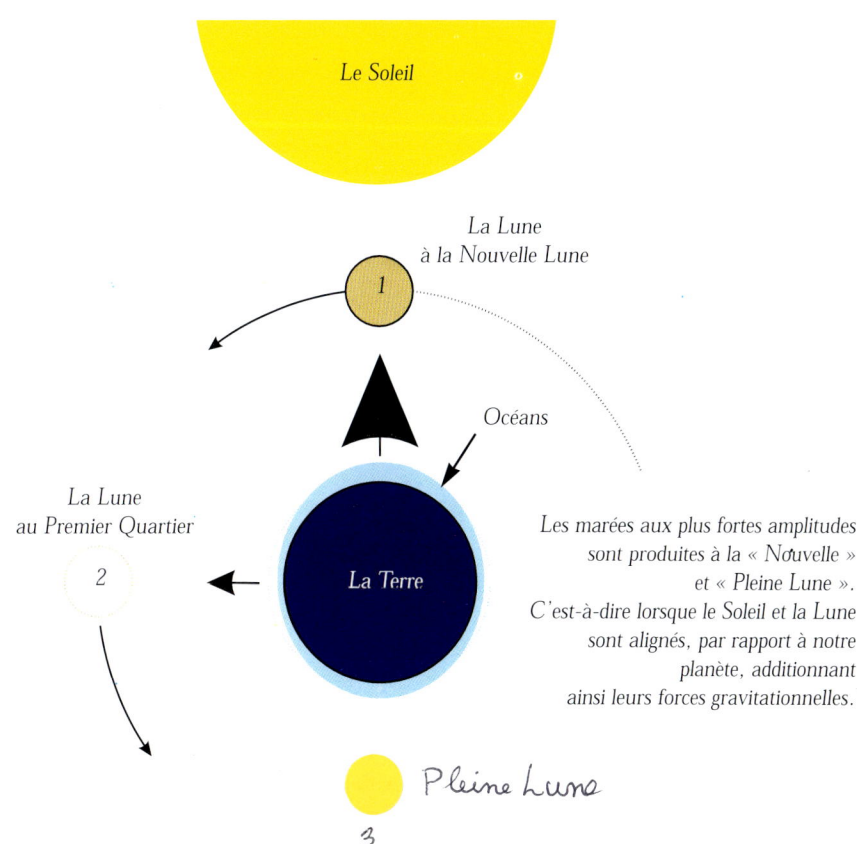

Les marées aux plus fortes amplitudes sont produites à la « Nouvelle » et « Pleine Lune ». C'est-à-dire lorsque le Soleil et la Lune sont alignés, par rapport à notre planète, additionnant ainsi leurs forces gravitationnelles.

Lever de Soleil sur un lac en Finlande
Photographié depuis le sommet de Koli, le 19 juillet 1990.
Objectif de 300 mm à 2,8.

Le Soleil

Situé à près de 150 millions de km de la Terre, le Soleil est une étoile complètement banale au regard des 150 milliards d'autres étoiles qui composent la Voie lactée. D'une température de près de 6 000 °C en surface et de 15 millions de °C en son cœur, le Soleil « brûle » 500 millions de tonnes d'hydrogène par seconde, produisant ainsi de l'hélium et son énergie nécessaire.

En observant le Soleil au télescope, la première chose que nous pouvons remarquer est la présence, à sa surface, de taches sombres, protéiformes. Appelées taches solaires, ces « cratères » mouvants se forment et se déforment en quelques jours ou semaines au gré de l'activité solaire. Certaines de ces taches solaires peuvent devenir gigantesques, de plusieurs dizaines de milliers de km, au point d'être visibles à l'œil nu au moment du lever ou du coucher de Soleil.

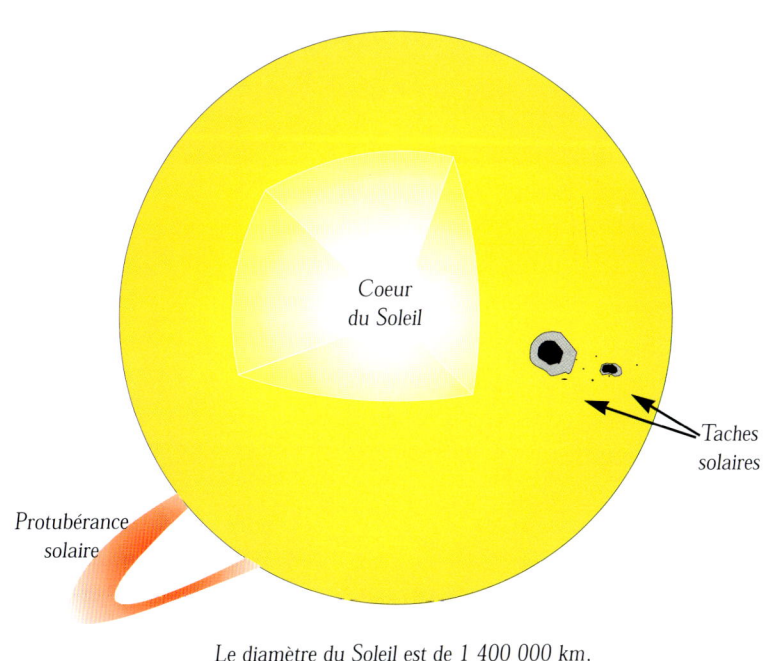

Le diamètre du Soleil est de 1 400 000 km, soit 110 fois celui de la Terre.

Observation de l'éclipse partielle de Soleil du 12 octobre 1996
L'image du Soleil éclipsé est projetée, par l'intermédiaire du télescope, sur un écran.

Comment observer le Soleil ?

L'observation du Soleil est une entreprise passionnante mais particulièrement délicate, car dangereuse si l'on ne prend pas un minimum de précautions. Ce genre d'observation ne peut se faire sans une véritable lunette d'observation astronomique ou un télescope. En effet, la conception des jumelles ou autres lunettes d'observation terrestre est mal adaptée à une trop grande chaleur générée à l'intérieur de l'instrument par les rayons solaires. Nous déconseillons également fortement l'utilisation du filtre « sun » fourni avec les lunettes ou télescopes astronomiques. En effet, la chaleur engendrée au niveau du filtre est beaucoup trop importante et peut le faire éclater, au risque de provoquer des lésions irrémédiables à l'œil de l'observateur. L'utilisation d'un filtre spécifique se mettant devant l'objectif apporte une solution idéale mais onéreuse. Il existe cependant une très agréable façon d'étudier le Soleil : en projetant son image sur un écran, par l'intermédiaire de la lunette ou du télescope. Cette méthode d'observation demande juste une mise en garde aux jeunes enfants, qui pourraient avoir la mauvaise idée de mettre l'œil à l'oculaire de l'instrument. L'observation du Soleil par projection permet ainsi d'obtenir une image plus ou moins grande de notre étoile, selon la dimension de l'écran que l'on utilise, et ainsi de suivre l'évolution des taches solaires au jour le jour.

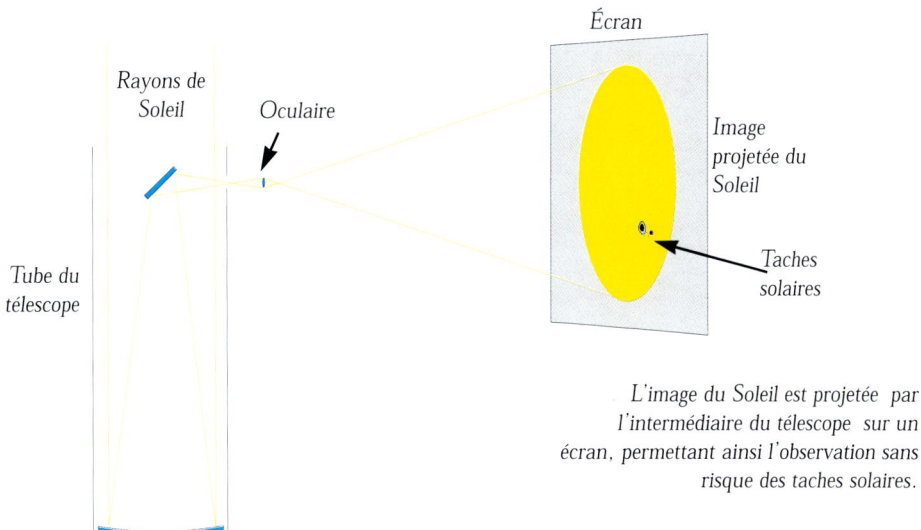

L'image du Soleil est projetée par l'intermédiaire du télescope sur un écran, permettant ainsi l'observation sans risque des taches solaires.

Aurore boréale de la nuit du 13 au 14 mars 1989
Photographiée depuis La Montagne (44).
Objectif de 50 mm à 2.

Les aurores boréales

Il arrive parfois qu'une éruption particulièrement violente sur le Soleil provoque une tempête de vent solaire. Cet « ouragan » de particules électriques va déferler dans le système solaire et réussir à pénétrer, au niveau des pôles, les hautes couches de l'atmosphère de notre planète. L'oxygène et l'azote de notre atmosphère vont alors être ionisés, comme un courant électrique dans un tube néon, provoquant des lueurs fantomatiques étonnantes. Spectacle exceptionnel par sa beauté visuelle, ces aurores boréales sont extrêmement rares sous nos latitudes, mais fréquentes dans les régions polaires.

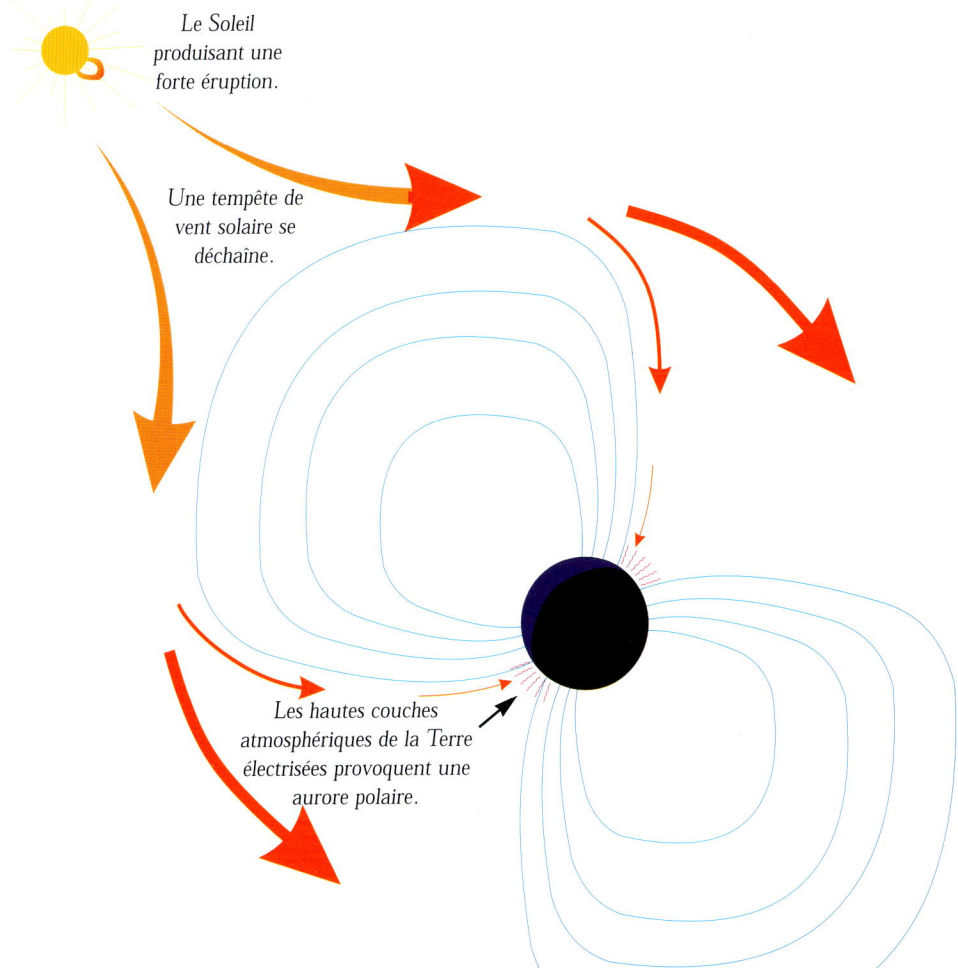

Le Soleil produisant une forte éruption.

Une tempête de vent solaire se déchaîne.

Les hautes couches atmosphériques de la Terre électrisées provoquent une aurore polaire.

Eclipse annulaire de Soleil du 10 mai 1994
Photographiée depuis le Haut-Atlas (Maroc).
Télescope de 260 mm à f/d 5.

Les éclipses

Les éclipses sont probablement parmi les plus sublimes spectacles de la nature. Par un complexe ballet planétaire entre la Terre, la Lune et le Soleil, il arrive que la Lune passe dans l'ombre de notre planète produisant une *éclipse de Lune* ou bien, plus rarement, que la Lune passe devant « l'astre du jour » et c'est l'*éclipse de Soleil*.

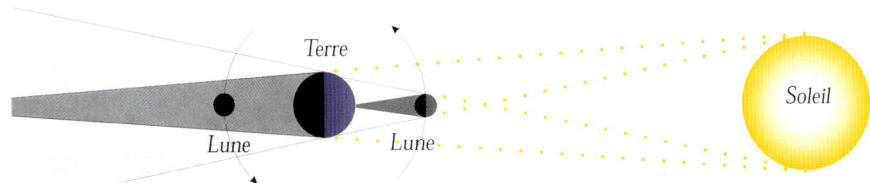

Par une heureuse coïncidence, la Lune, 400 fois plus petite que le Soleil, en est aussi 400 fois plus proche. Ainsi observés depuis la Terre, la Lune et le Soleil semblent avoir le même diamètre...

Les éclipses partielles de Soleil
Il y a *éclipse de Soleil* lorsque la Lune passe devant le Soleil.

 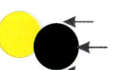

Les éclipses totales de Soleil
C'est un phénomène extrêmement rare pour une région donnée. Une *éclipse totale de Soleil* se produit lorsque la Lune passe entièrement devant le Soleil. L'astre du jour est alors caché : il fait nuit en plein jour durant quelques minutes.

  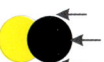

Les éclipses annulaires de Soleil
La Lune tourne autour de la Terre sur une orbite légèrement elliptique. Aussi, lorsqu'elle est à sa plus grande distance de la Terre, son diamètre paraît plus petit. Si une *éclipse totale de Soleil* se produit durant cette période, notre satellite ne pourra couvrir entièrement l'astre du jour. Il restera un fin anneau de Soleil : c'est l'*éclipse annulaire de Soleil*...

  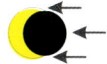

Conjonction des planètes Vénus et Jupiter avec la Lune
Photographiée depuis la Baie du Mont-Saint-Michel (35), le 23 avril 1998 à 4 h T.U. Objectif de 300 mm à 2,8.

Les planètes

La différence entre une étoile et une planète est comparable à celle qui existe entre une lampe et un miroir. Cette formule, très simplifiée, nous montre la différence capitale entre ces deux types d'astres. Les étoiles sont des soleils qui produisent une quantité d'énergie telle, qu'il en rayonne de la lumière capable d'éclairer l'espace. En revanche, une planète ne produit pas d'énergie lumineuse mais réfléchit, comme un miroir, la lumière d'une étoile (en l'occurence, le Soleil pour notre système planétaire).

Autour du Soleil tournent neuf planètes principales ainsi qu'une myriade d'astéroïdes (les planètes du *Petit Prince* de Saint-Exupéry). Il existe deux types de planètes : les planètes telluriques, petites planètes solides et constituées d'un sol sur lequel nous pouvons marcher (exemple : la Terre) et les planètes géantes, astres beaucoup plus gros que notre planète, constitués principalement de gaz (exemple : Jupiter).

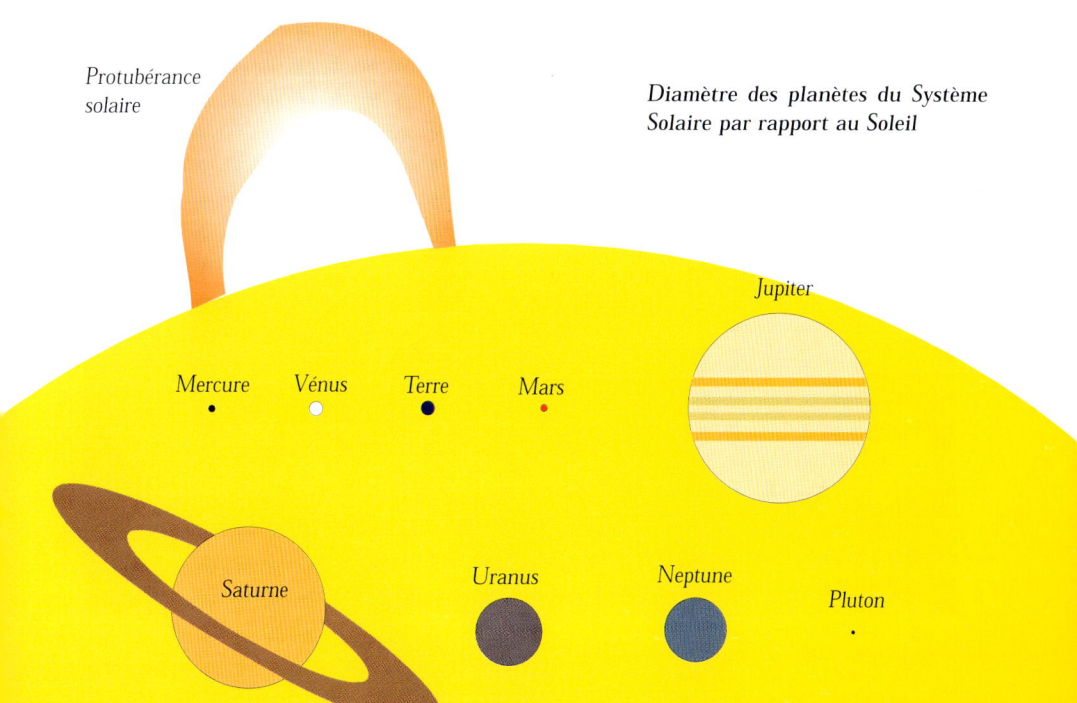

Diamètre des planètes du Système Solaire par rapport au Soleil

L'étoile du berger dans le ciel des Moutiers-en-Retz (44)
Le 27 novembre 1989 au crépuscule.
Objectif de 50 mm à 2.

L'étoile du berger

D'origine populaire, le nom « étoile du berger » indique le premier astre, en dehors de la Lune, apparaissant en début de nuit après le coucher du Soleil. Il peut donc s'agir de n'importe quelle étoile ou planète, dès l'instant où cette dernière est très lumineuse. Généralement, ces conditions sont réunies par la planète Vénus qui se trouve ainsi associée au surnom d'« étoile du berger ».

La planète Vénus, qui est l'astre le plus lumineux après la Lune, parcourt une orbite autour du Soleil qui est à l'intérieur de celle de la Terre. Ainsi, Vénus apparaît-elle toujours à une relative proximité du Soleil, précédant le lever de l'astre du jour dans les lueurs de l'aube, ou suivant son coucher dans le crépuscule. Son apparition, avant tout autre astre dans le ciel du soir, annonçait ainsi au berger l'heure de rentrer ses moutons. C'est ce qui explique l'origine du nom « étoile du berger ».

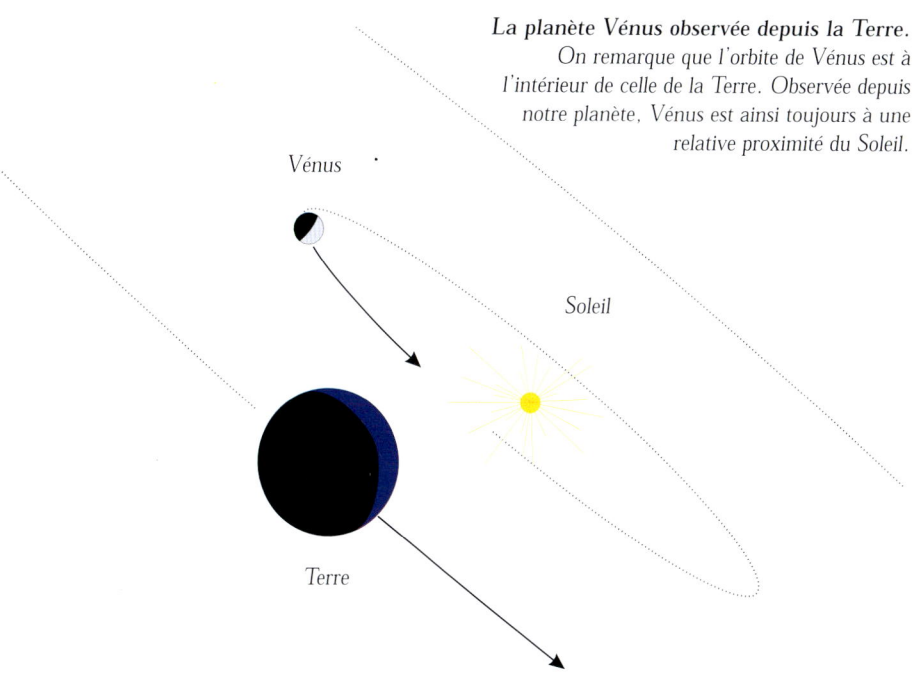

La planète Vénus observée depuis la Terre.
On remarque que l'orbite de Vénus est à l'intérieur de celle de la Terre. Observée depuis notre planète, Vénus est ainsi toujours à une relative proximité du Soleil.

La comète de Halley
Photographiée depuis l'Observatoire du Pic du Midi (65).
Le 16 mars 1986 vers 4 h T.U.
Objectif de 50 mm à 2.

La comète de Halley

Venant des profondeurs du système solaire, la comète de Halley repasse près de la Terre et du Soleil tous les 76 ans environ. Longtemps considérées comme maléfiques, de par leur rareté et leur aspect mystérieux, les comètes semblaient annoncer, pour les Anciens, le malheur, la peste ou les guerres... Il faut attendre la fin du XVIIe siècle pour que les astronomes commencent à comprendre leur origine. Grâce aux lois de la gravitation de Isaac NEWTON, un autre astronome Anglais, Edmund HALLEY, prouve que les comètes tournent autour du Soleil comme les planètes, mais au lieu d'avoir une orbite quasi-circulaire, ces astres étranges ont une orbite elliptique extrêmement allongée. HALLEY découvre que les éléments mathématiques de la « comète de 1682 » ressemblent à ceux de deux comètes observées en 1607 et 1531. Il en déduit qu'il s'agit de la même comète et prédit son retour pour 1759. Sa réapparition en décembre 1758 donne une preuve éclatante des lois de la gravitation de NEWTON. Depuis, la comète de Halley est repassée, suivant les prévisions établies, en 1835, 1910 et 1986. Le prochain passage est, quant à lui, prévu pour le 21 juillet 2061 !

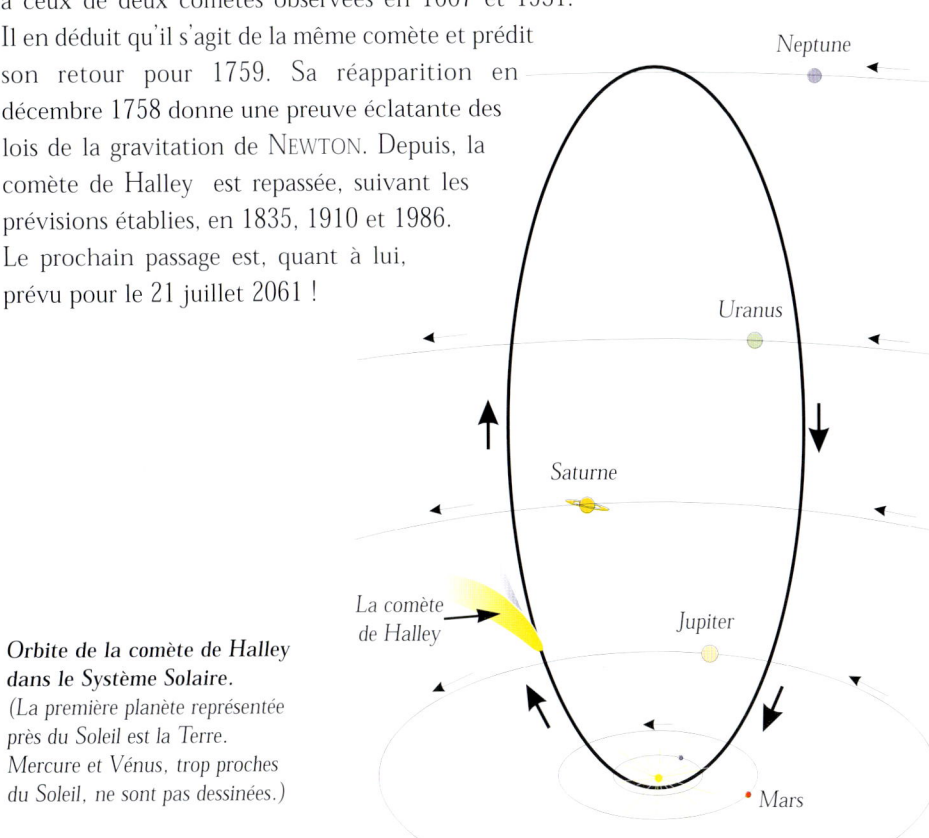

Orbite de la comète de Halley dans le Système Solaire.
(La première planète représentée près du Soleil est la Terre. Mercure et Vénus, trop proches du Soleil, ne sont pas dessinées.)

La comète Hale-Bopp
Photographiée depuis les Cévennes, avril 1997.
Objectif de 300 mm à 2,8.

Les comètes

Le dernier passage de la *comète de Halley*, en 1986, a fortement contribué à faire comprendre la nature et l'origine des comètes. Ce sont de « grosses boules de neige sales » venant probablement d'un gigantesque « réservoir de comète » entourant le système solaire, lui-même reste de la nébuleuse primitive ayant donné naissance au Soleil et aux planètes. Étudier les comètes permet ainsi de remonter aux origines de notre monde.

Lorsqu'une comète s'approche du Soleil, elle va se mettre à fondre, sous l'effet de la chaleur solaire. Elle va alors créer une « atmosphère » que l'on appelle la *chevelure de la comète*. Cette chevelure va être poussée par le vent solaire et former une queue de gaz et de poussières, qui peut s'étendre sur plusieurs dizaines de millions de km de longueur.

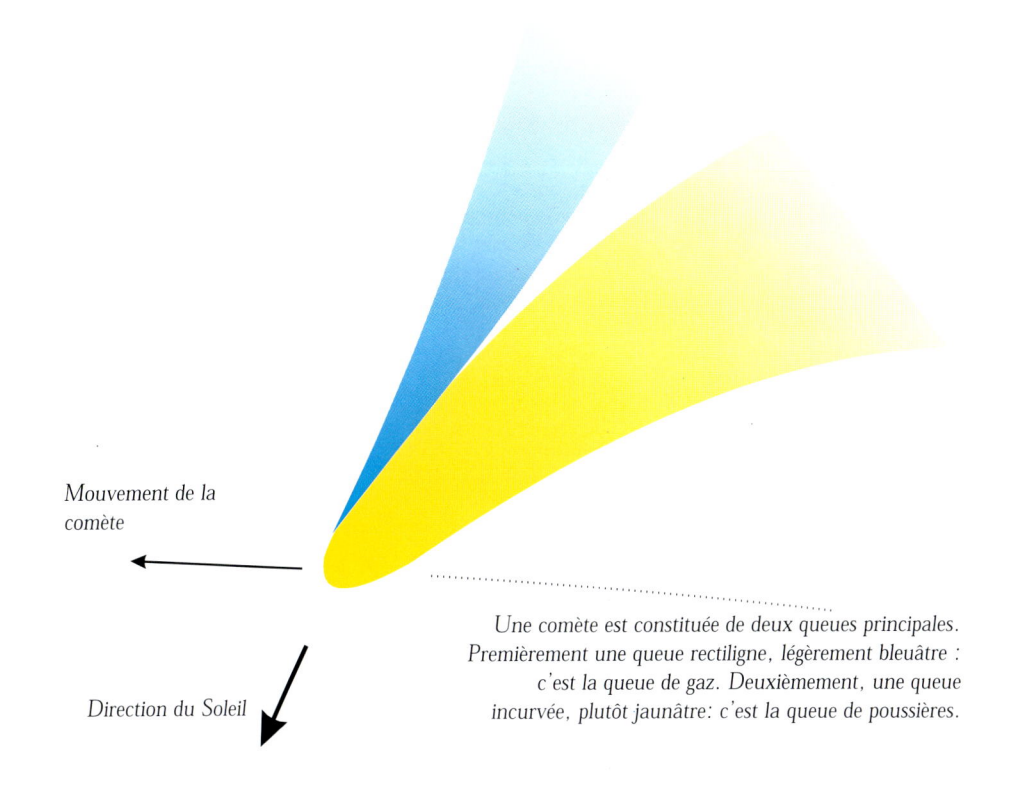

Mouvement de la comète

Direction du Soleil

Une comète est constituée de deux queues principales. Premièrement une queue rectiligne, légèrement bleuâtre : c'est la queue de gaz. Deuxièmement, une queue incurvée, plutôt jaunâtre : c'est la queue de poussières.

Apparition d'une étoile filante (le trait fin) dans la région du passage de la comète Lévy 1990

Photographiée à La Montagne (44) dans la nuit du 20 au 21 août 1990. Objectif de 85 mm à 1,4 fermé à 2,8.

Les étoiles filantes

Le système solaire n'est pas très propre. Il est rempli de poussières de toutes sortes que l'on appelle météorites. La Terre « roule » dans l'espace à plus de 100 000 km à l'heure. Lorsque notre planète rencontre l'un de ces grains de poussières météoritiques, la vitesse est telle que cette poussière se frotte contre l'atmosphère de la Terre. Elle provoque ainsi une étincelle de la même manière que celle produite par une allumette que l'on gratte. C'est cette étincelle que nous appelons étoile filante et qui se produit dans les hautes couches de l'atmosphère, à plus de 80 km d'altitude.

Ce sont plus de 1 000 tonnes de poussières météoritiques qui tombent sur Terre par semaine, soit plus de 50 000 tonnes par an ! Mais pourquoi existe-t-il des périodes dans l'année plus propices à l'observation des *étoiles filantes* ? Tout simplement parce que la Terre traverse régulièrement des nuages de poussières, restes de comètes oubliées, provoquant ainsi une recrudescence du phénomène.

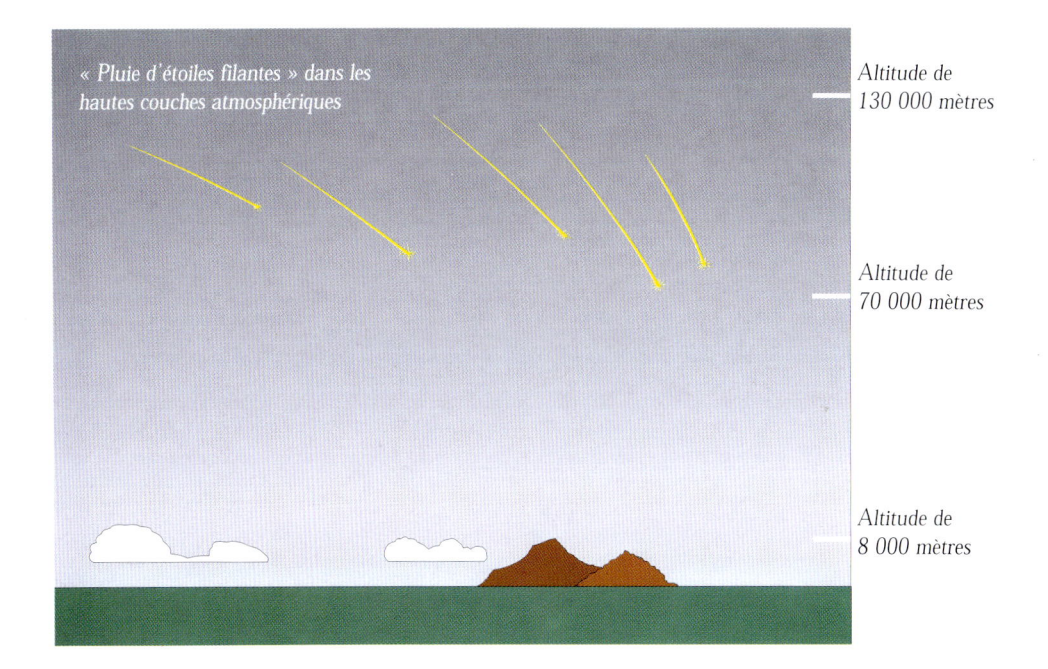

« Pluie d'étoiles filantes » dans les hautes couches atmosphériques

Altitude de 130 000 mètres

Altitude de 70 000 mètres

Altitude de 8 000 mètres

Le pôle Nord céleste
Photographié depuis le Haut-Atlas (Maroc).
Objectif de 28 mm à 2,8 et pose de trois heures.
L'étoile Polaire se situe au centre du mouvement de rotation.

L'étoile Polaire

Souvent confondue avec « l'étoile du berger », l'*étoile Polaire* n'est, en apparence, qu'une simple étoile, ni très brillante, ni très faible. Pourtant, une caractéristique très particulière l'a rendue célèbre.

En observant le ciel étoilé vous pourrez remarquer, au fil des heures, un mouvement de rotation régulier et continu de la voûte céleste. Ce mouvement, qui fait se lever les astres à l'horizon Est et se coucher à l'horizon Ouest, est dû à la rotation de la Terre sur elle-même. Aussi, en contemplant la nuit céleste vous observerez que les constellations du début de la nuit ne sont pas les mêmes que celles en fin de nuit. De même, le ciel des nuits d'hiver est différent de celui des nuits d'été : toutes les étoiles, entraînées en apparence par le mouvement de notre planète, semblent bouger. Toutes, sauf une. En effet, dans la direction du Nord, non loin de la constellation de la Grande Ourse, une étoile reste toujours à la même position quel que soit le moment de la nuit ou de l'année. Cette étoile, située précisément dans le prolongement de l'axe de rotation de la Terre, porte le nom d'« étoile Polaire » et constitue un repère infaillible pour les marins.

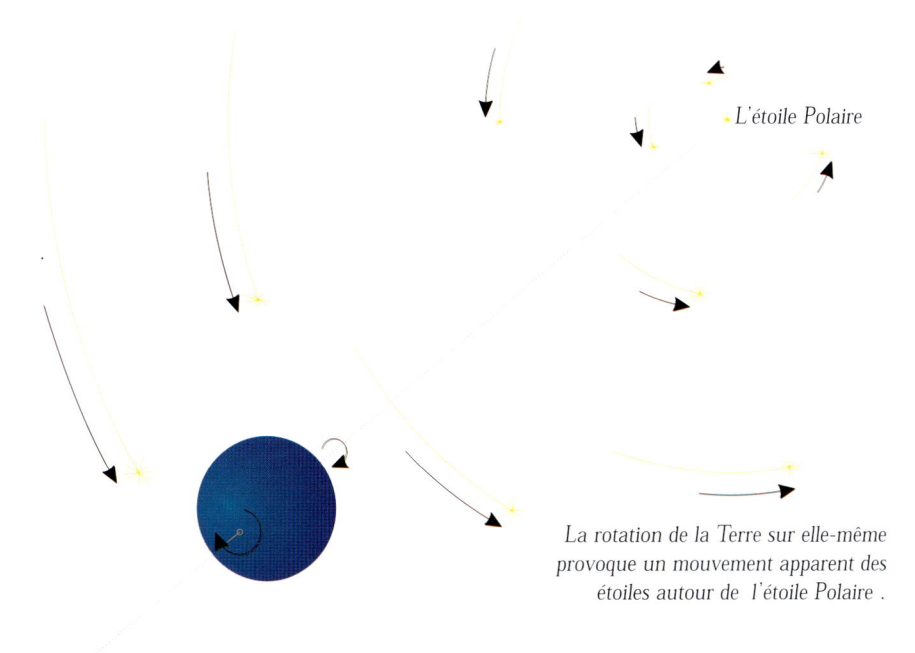

L'étoile Polaire

La rotation de la Terre sur elle-même provoque un mouvement apparent des étoiles autour de l'étoile Polaire.

La constellation d'Orion
Photographiée depuis le Pic de l'Aigle (06), le 20 novembre 1995.
Objectif de 85 mm de focale à 1,4 fermé à 2,8.

Les constellations

Formant l'un des plus « vieux livre d'images » de l'humanité, les constellations sont aux origines même de l'astronomie. Tout peuple, pour se repérer dans le ciel nocturne, a découpé arbitrairement la voûte céleste en reliant entre elles les étoiles les plus brillantes. Tel le découpage d'un pays sur une carte géographique, les premiers astronomes ont découpé la sphère céleste en différents « pays » caractérisés par des figures géométriques formées d'étoiles particulières. Ainsi, chaque culture a inventé son propre « livre des constellations », imaginant dans tel groupe d'étoiles un animal fantastique, dans tel autre un dieu... Nos principales constellations actuelles nous proviennent des astronomes Grecs qui ont représenté dans le ciel nocturne différents personnages de leur mythologie. Ainsi, la Grande et la Petite Ourse, le chasseur Orion et le Scorpion, Persée et la belle Andromède, témoignent à travers les millénaires, les guerres et les changements politiques, d'une image céleste éternelle.

La constellation d'Orion
Extrait d'une planche des constellations zodiacales du livre Les Étoiles et les Curiosités du Ciel de Camille FLAMMARION, 1882 (collection privée).

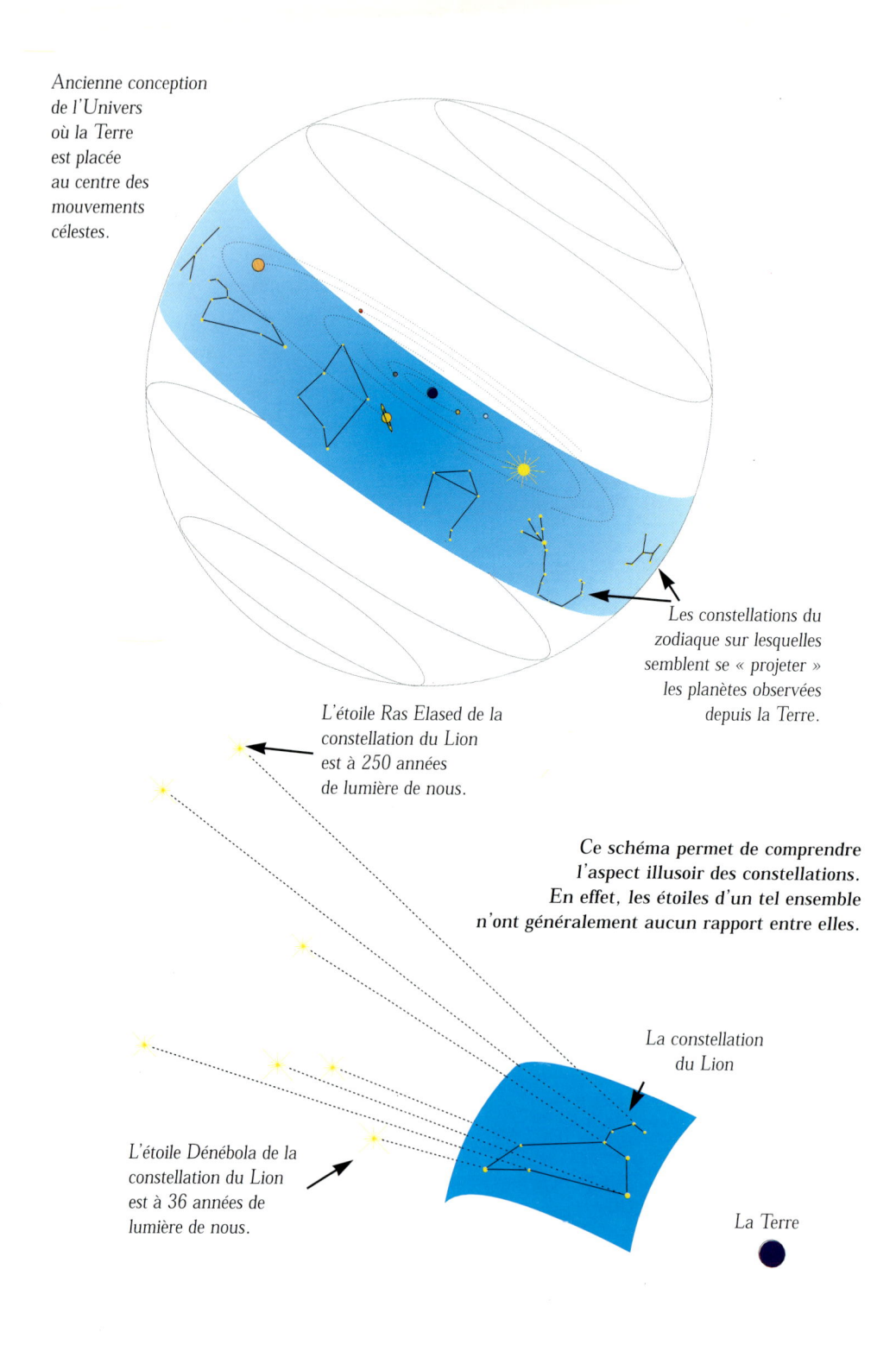

Ancienne conception de l'Univers où la Terre est placée au centre des mouvements célestes.

Les constellations du zodiaque sur lesquelles semblent se « projeter » les planètes observées depuis la Terre.

L'étoile Ras Elased de la constellation du Lion est à 250 années de lumière de nous.

Ce schéma permet de comprendre l'aspect illusoir des constellations. En effet, les étoiles d'un tel ensemble n'ont généralement aucun rapport entre elles.

La constellation du Lion

L'étoile Dénébola de la constellation du Lion est à 36 années de lumière de nous.

La Terre

Et l'astrologie ?

Il est difficile d'éviter de parler de l'astrologie en se questionnant sur l'astronomie. Deux mots malheureusement trop souvent confondu par le néophyte. Soyons clair tout de suite. Il s'agit de deux activités radicalement différentes qui ne doivent être mélangées. D'un côté, l'astronomie qui est la science qui mesure les astres et tente de comprendre le fonctionnement de l'Univers. D'un autre côté, une « science » qui affirme une influence des planètes du système solaire sur le comportement humain. Il est regrettable de remarquer que l'astrologie n'a jamais connu un tel succès qu'au cours de notre époque. Mais, à la lumière des connaissances astronomiques, pourquoi ne pas croire en l'astrologie ?

Jusqu'au XVIIe siècle, la conception d'un univers géocentrique est pratiquement acceptée par tous les savants et philosophes de l'époque. Ce système complexe de mécanique céleste place la Terre au centre de l'Univers et du mouvement de tous les astres. Notre planète se trouve ainsi au milieu de toutes les forces du monde. L'idée que les positions des planètes sur la sphère céleste puisse avoir une influence sur la Terre et ses êtres vivants paraît être, alors, une évidence pour de nombreux savants. À partir de la révolution Copernicienne, à la fin du XVIe siècle et au début du XVIIe siècle, avec l'avènement de la science moderne et d'une nouvelle conception de l'Univers, l'astrologie perd toute sa substance et se retrouve reléguée au rang de charlatanisme. En effet, les découvertes scientifiques permettent d'envisager un système du monde où la Terre n'est plus le centre de l'Univers, mais une simple planète comme les autres, tournant autour du Soleil. Ce dernier ne devient également qu'une banale étoile parmi un nombre incalculable d'autres étoiles. La Terre devient alors, aux yeux de ces hommes, un astre dans le ciel, au même titre que n'importe quel autre astre. C'est ce qui fera dire à Blaise PASCAL : « *L'Univers est une sphère infinie dont le centre est partout et la circonférence nulle part.* » Comment, dès lors, imaginer que la position d'une planète sur une constellation puisse avoir une quelconque influence sur notre destinée ?

La mesure de la distance des étoiles à partir du XIXe siècle finira d'ailleurs par enlever toute réalité aux constellations. La proximité des étoiles d'une même constellation n'est qu'apparente et la distance entre elles se compte souvent en dizaines d'années de lumière.

10 000

Mais, qu'est-ce qu'une « année de lumière » ?

En astronomie, dès que l'on dépasse le système solaire, que l'on aborde le milieu interstellaire ou intergalactique, il n'est plus possible de parler de distance en kilomètre, mais en année de lumière. Une année de lumière correspond tout simplement à la distance que parcourt la lumière en un an, à la vitesse de 300 000 km par seconde.

En 1,3 seconde, la lumière parcourt l'équivalent de la distance Terre-Lune ; en huit minutes, la distance Terre-Soleil ; en une heure, la distance d'un milliard quatre-vingt millions de km. En une année, la lumière parcourt dix mille milliards de km. Ainsi, une année de lumière équivaut à 10 000 000 000 000 km. *environ ~ 10^{13} km*

Par exemple, l'étoile la plus proche de la Terre est située à 4,3 années de lumière. Pour avoir la distance en km, il suffit de multiplier 10 000 000 000 000 km par 4,3.

Ce qui fait 43 000 000 000 000 km (43 mille milliards de km)... À titre de comparaison, l'étoile Polaire est à près de 400 années de lumière, la galaxie la plus proche est à plus 2 000 000 années de lumière (faites le calcul). Actuellement, les télescopes les plus puissants peuvent voir à plus de dix milliards d'années de lumière, c'est-à-dire à dix milliards de fois dix mille milliards de km !

000 000 000km

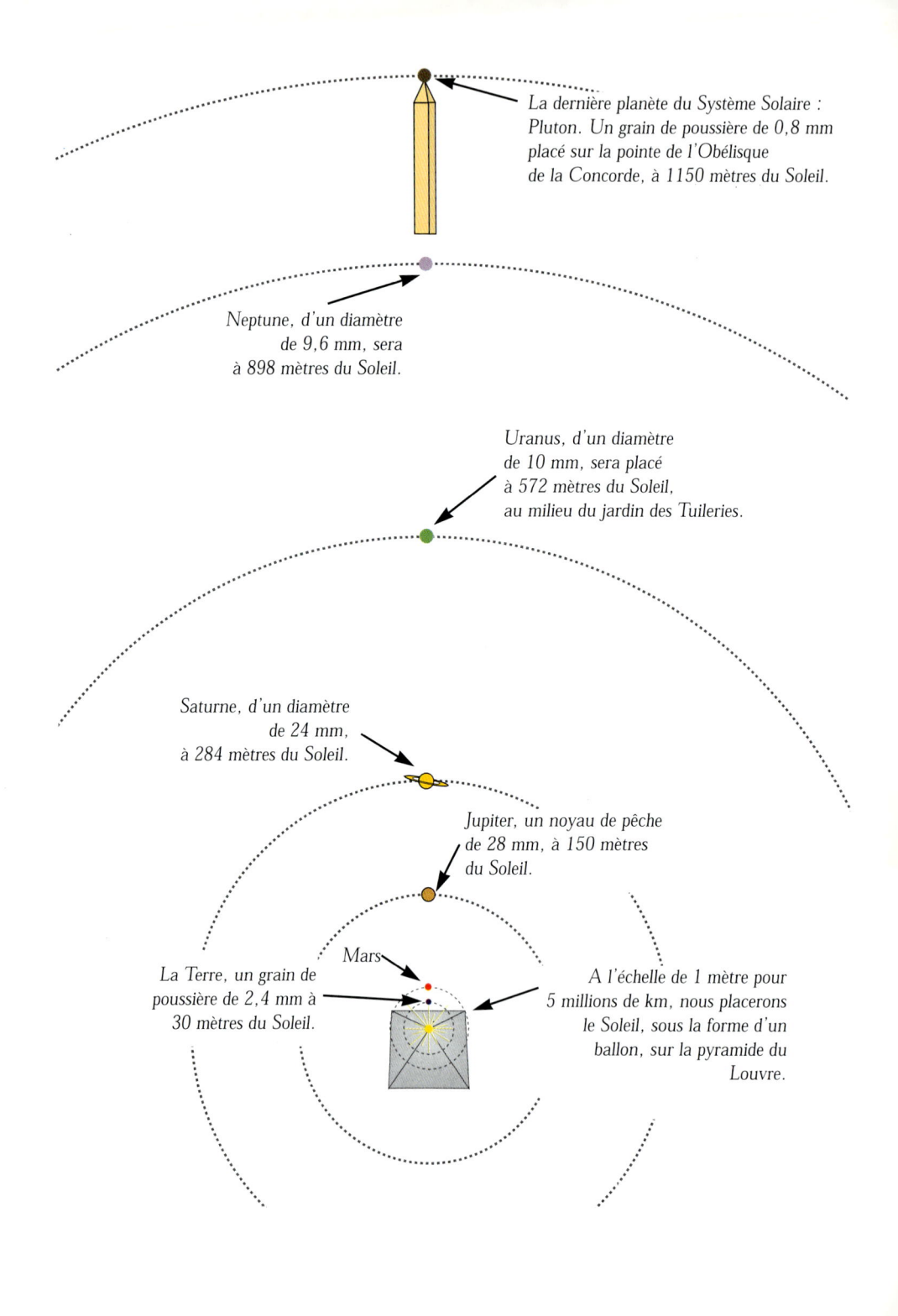

La dernière planète du Système Solaire : Pluton. Un grain de poussière de 0,8 mm placé sur la pointe de l'Obélisque de la Concorde, à 1150 mètres du Soleil.

Neptune, d'un diamètre de 9,6 mm, sera à 898 mètres du Soleil.

Uranus, d'un diamètre de 10 mm, sera placé à 572 mètres du Soleil, au milieu du jardin des Tuileries.

Saturne, d'un diamètre de 24 mm, à 284 mètres du Soleil.

Jupiter, un noyau de pêche de 28 mm, à 150 mètres du Soleil.

Mars

La Terre, un grain de poussière de 2,4 mm à 30 mètres du Soleil.

A l'échelle de 1 mètre pour 5 millions de km, nous placerons le Soleil, sous la forme d'un ballon, sur la pyramide du Louvre.

Comment se représenter les dimensions de l'Univers ?

Pour avoir une petite idée des distances entre les étoiles et de l'immensité de l'Univers, nous allons changer d'échelle et prendre l'échelle de 1 mètre pour 5 millions de km. Imaginons le Soleil sous la forme d'un ballon de 28 cm de diamètre que nous placerons sur le sommet de la pyramide du Louvre, à Paris. À cette échelle, la Terre ne mesurera que 2,4 mm de diamètre et se trouvera à 30 mètres du Soleil. La dernière planète du système solaire, Pluton, sera un grain de poussière de 0,8 mm et que nous placerons à un peu plus de 1 km, soit sur la pointe de l'Obélisque de la place de la Concorde ! Eh bien, l'étoile la plus proche sera un autre ballon que nous poserons sur la main de la statue de la Liberté, à New York ! C'est en effet la distance du monde stellaire le plus proche de nous, *Proxima du Centaure*, situé en réalité à 4,3 années de lumière. Essayez maintenant de vous représenter des distances de millions d'années de lumière...

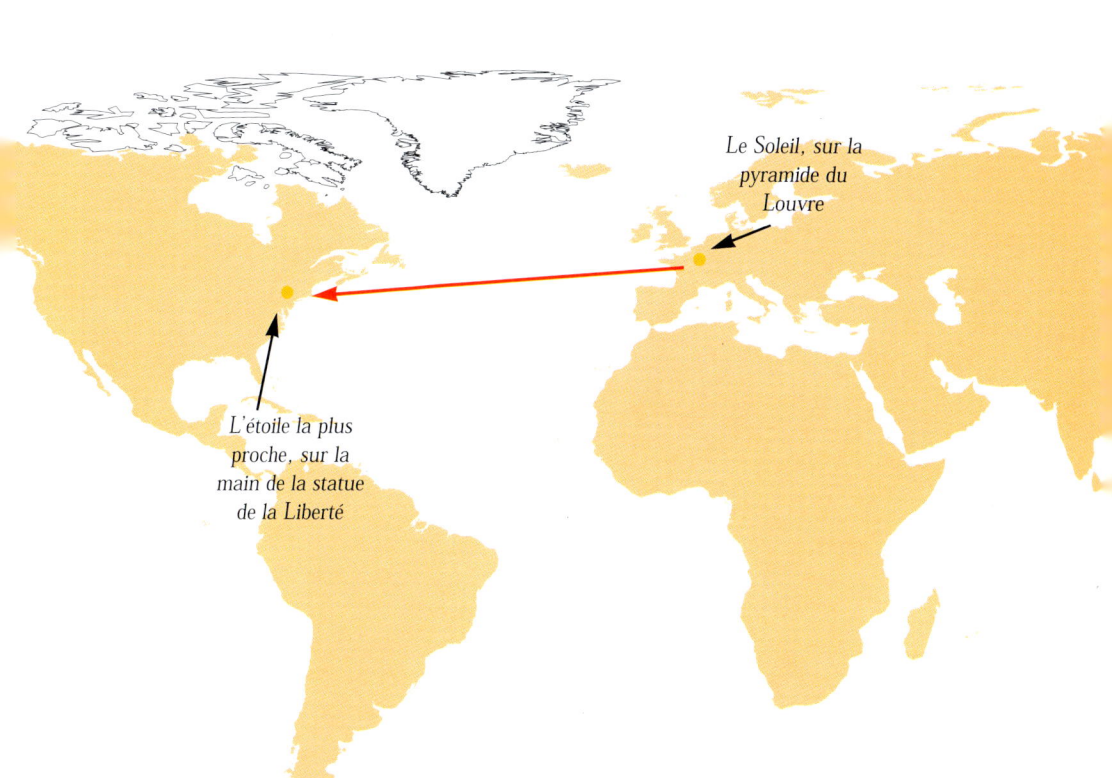

Le Soleil, sur la pyramide du Louvre

L'étoile la plus proche, sur la main de la statue de la Liberté

Conjonction entre la planète Vénus et la Lune
Photographiée depuis le refuge du Col d'Anterne (74), le 12 juillet 1996 vers 3 h 45 T.U. Objectif de 85 mm à 1,4 fermé à 2,8.
L'image de ces deux astres a mis un temps différent pour nous parvenir : 1,3 seconde pour la Lune, 10 minutes pour Vénus.
Toute l'image que nous avons de l'Univers est une image du passé...

L'espace à quatre dimensions

Imaginons que, ce soir, vous ayez envie de regarder le ciel étoilé. Vous allez sortir de chez vous pour être au milieu de la nuit, et lever la tête vers la voûte céleste. Peut-être remarquerez-vous, par exemple, l'une des plus célèbres étoiles nommée l'*étoile Polaire*, qui est située à plus de 400 années de lumière. Mais au moment précis où vous observerez cette étoile, vous verrez cet astre tel qu'il était il y a 400 ans. Pourquoi ? Tout simplement parce que la lumière a mis 400 ans pour venir de l'étoile Polaire jusqu'à la Terre. Nous voyons donc cet astre tel qu'il était à l'époque d'HENRI IV. Toute l'image de l'Univers que nous avons est une image du passé. Lorsque vous regardez le ciel, vous remontez le temps. C'est ce que l'on appelle l'espace à quatre dimensions, avec les trois dimensions habituelles que sont la hauteur, la longueur et la largeur, plus une autre dimension qui est celle du temps. Ainsi, la valeur de la distance d'un astre que vous observez, exprimée en années de lumière, représente également la valeur du temps que vous remontez. Dès lors, l'Univers apparaît comme un grand livre d'histoire où il suffit d'avoir un télescope suffisamment puissant pour scruter loin dans l'espace, et ainsi remonter le temps.

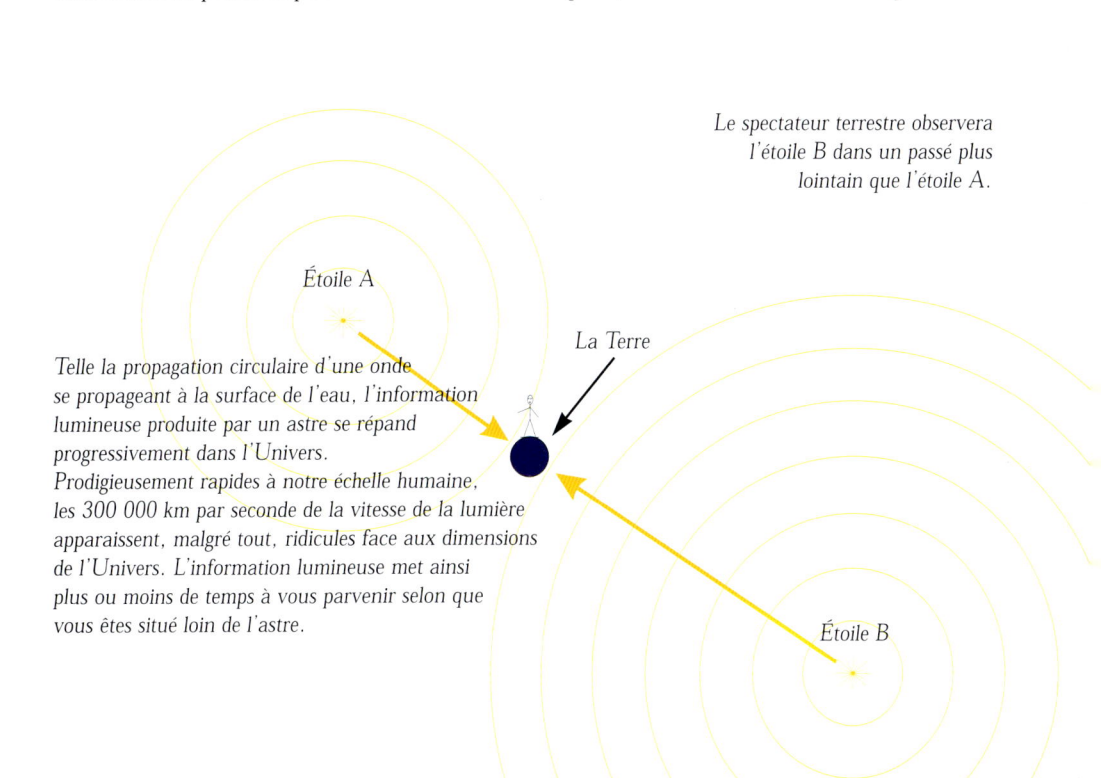

Le spectateur terrestre observera l'étoile B dans un passé plus lointain que l'étoile A.

Étoile A

La Terre

Telle la propagation circulaire d'une onde se propageant à la surface de l'eau, l'information lumineuse produite par un astre se répand progressivement dans l'Univers.
Prodigieusement rapides à notre échelle humaine, les 300 000 km par seconde de la vitesse de la lumière apparaissent, malgré tout, ridicules face aux dimensions de l'Univers. L'information lumineuse met ainsi plus ou moins de temps à vous parvenir selon que vous êtes situé loin de l'astre.

Étoile B

Rotation du ciel
Photographiée depuis le Haut-Atlas (Maroc), mai 1994.
Objectif de 28 mm à 2,8.
Les couleurs des étoiles sont nettement visibles sur cette image.

La couleur des étoiles

Peut-être avez-vous déjà remarqué, en contemplant la voûte céleste, une différence de couleur entre les étoiles. Avec un télescope, la variation de tons est frappante. Certaines étoiles paraissent bleues, d'autres rouge-sang, certaines vert-émeraude, ou encore « blanc » *jaune* comme le Soleil. Ces différentes couleurs correspondent à des températures différentes. Imaginez un forgeron en train de faire chauffer une pièce de métal. Froid, ce dernier paraît gris sombre. Mais en chauffant, il va devenir rouge-sombre. Puis, la température augmentant encore, il va passer par un rouge-vif pour devenir orangé. Si notre forgeron continuait à chauffer le métal, nous le verrions passer par le blanc et enfin, le bleu. Chaque couleur correspond, comme un thermomètre, à une température différente.

Pour les étoiles, c'est le même principe. Une étoile rouge possède une température d'environ 4 000 °C à sa surface, une blanche *jaune* 6 000 °C, une bleue 20 000 °C, etc. La couleur d'une étoile nous indique donc sa température ! → *de surface.*

Variation de la couleur en fonction de la température de l'étoile.

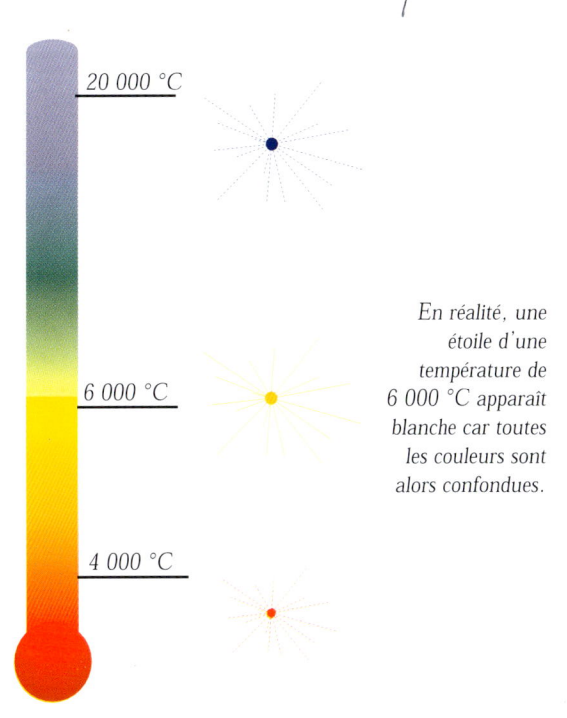

20 000 °C

6 000 °C

4 000 °C

En réalité, une étoile d'une température de 6 000 °C apparaît blanche car toutes les couleurs sont alors confondues.

Les nébuleuses d'Orion
*Photographiées depuis le Pic de l'Aigle (06), nuit du 19 au 20 novembre 1995.
Objectif de 300 mm à 2,8 et pose d'une heure.*

La naissance des étoiles

En observant attentivement la voûte étoilée, avec une bonne paire de jumelles, vous ne serez certainement pas sans remarquer de vagues petites taches floues, d'une lumière indécise et aux contours irréguliers, que l'on appelle les nébuleuses interstellaires. La *Grande Nébuleuse d'Orion*, déjà faiblement visible à l'œil nu, en est une parfaite illustration. Il s'agit de vastes nuages de gaz et de poussières de plusieurs milliers de milliards de km de dimension qui flottent dans l'espace.

Ces nébuleuses sont particulièrement importantes, car il arrive parfois que l'une d'entre elles ait tendance à se contracter, à s'effondrer sur elle-même. Ce nuage, en se concentrant, va ainsi produire de l'énergie et s'échauffer comme lorsqu'on se frotte les mains. Au cœur du nuage, la température va ainsi atteindre plusieurs milliers, voire plusieurs millions de degrés. Un jour, la température est tellement élevée et la matière si comprimée qu'il va se produire ce que l'on appelle une *réaction thermonucléaire*, c'est-à-dire une véritable bombe atomique, produisant une grande quantité de chaleur et de lumière. C'est ainsi que naissent les étoiles. C'est ainsi qu'est né notre Soleil, il y a 5 milliards d'années, par l'effondrement d'une nébuleuse interstellaire.

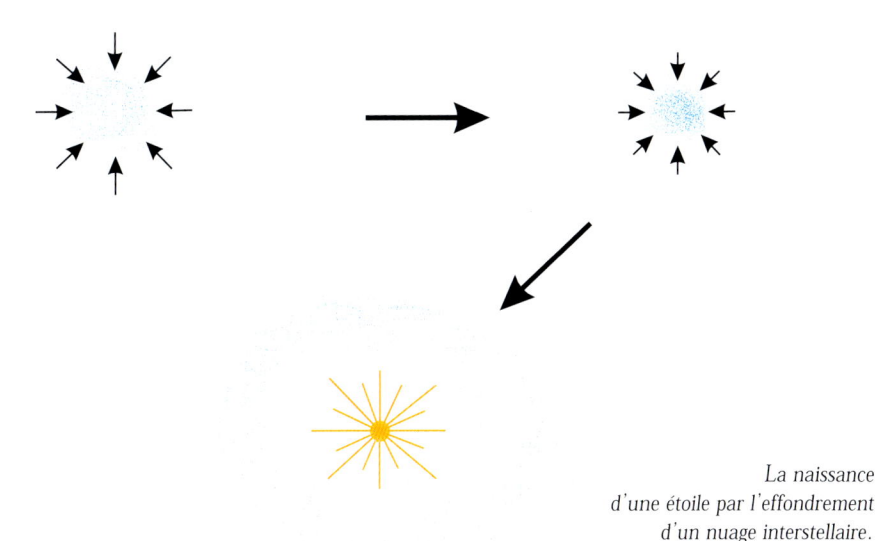

La naissance d'une étoile par l'effondrement d'un nuage interstellaire.

* Réactions de fusion thermonucléaire. L'étoile n'explose pas toile, en équilibre, est un réacteur n. à confinement gravitationnel

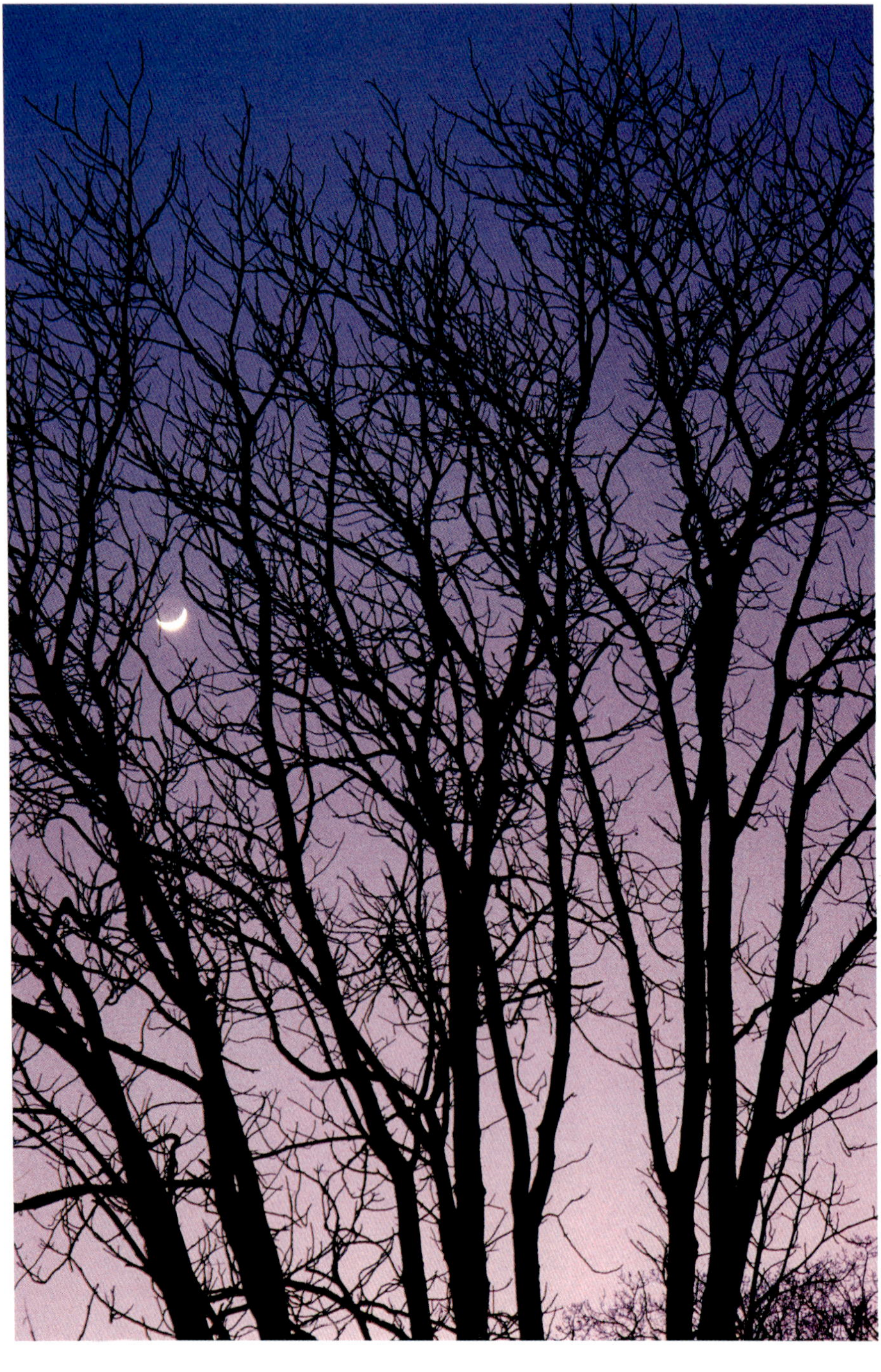

À quoi servent les étoiles ?

Les étoiles ont une naissance, une vie, une mort et nous sommes le fruit de cette évolution stellaire. En effet, les étoiles vivent et produisent de l'énergie grâce à des *réactions thermonucléaires*, qui transforment les atomes. Par exemple, notre étoile brûle plus de 500 millions de tonnes d'hydrogène par seconde qui se transforment en grande partie en hélium. Il existe des étoiles qui engendrent du carbone et d'autres de l'oxygène, du fer, etc. Bref, pratiquement toute la matière de l'Univers a été conçue à l'intérieur des étoiles, y compris la matière qui compose la Lune, les arbres et votre propre corps. Nous sommes donc fait de poussières d'étoiles. L'étude des nébuleuses, intense siège de naissance et de mort d'étoiles, est alors particulièrement importante pour la compréhension de nos origines.

La galaxie d'Andromède
Photographiée depuis le Pic de l'Aigle (06), dans la nuit du 19 au 20 novembre 1995.
Objectif de 300 mm à 2,8 et pose de 35 mn.

Les galaxies

Nous habitons une planète, la Terre. Elle tourne autour du Soleil qui n'est qu'une simple étoile perdue parmi 150 milliards d'autres étoiles formant notre galaxie, la Voie lactée. La Voie lactée elle-même n'est qu'une petite galaxie banale au milieu de centaines de milliards d'autres galaxies contenant toutes des dizaines de milliards d'étoiles. Souvent appelée « Univers-île », une galaxie est un monde de mondes où chaque étoile est un système planétaire potentiel !

Le Soleil

La Terre et la Lune

La Voie lactée

Comment observer les galaxies ?

Savez-vous qu'une bonne paire de jumelles et un ciel pur, sans Lune, permettent déjà d'observer quelques unes des plus belles galaxies ? Certes, il est d'abord nécessaire d'être loin de toute ville et de toute pollution. Il est également important de savoir se repérer parmi les constellations afin de regarder au bon endroit. L'observation des galaxies est une activité passionnante qui demande de la patience. Mais, quel plaisir lorsque dans votre paire de jumelles ou votre télescope apparaît une fragile petite tache nébulaire, image d'un autre monde gigantesque constitué de dizaines de milliards de soleils !

Le cœur de la Voie lactée (région du Sagittaire)
Photographié depuis le col de Tisi-n-Ilissi dans le Haut-Atlas (Maroc).
dans la nuit du 4 au 5 mai 1994.
Objectif de 50 mm à 2.

La Voie lactée

Lorsqu'on regarde le ciel à l'œil nu par une belle nuit d'été, l'une des premières choses que l'on peut remarquer est cette grande bande laiteuse qui traverse la voûte étoilée, et que l'on appelle la *Voie lactée*. Pour comprendre ce qu'elle représente, il vous suffit de prendre une simple paire de jumelles et, par une nuit pure et sans Lune, de la pointer vers cette région du ciel. Vous découvrirez que celle-ci est en fait composée d'une multitude d'étoiles, qu'il y a tellement d'étoiles situées si loin de nous qu'à l'œil nu tout cela ne ressemble qu'à une grande bande laiteuse. Essayez donc de compter le nombre d'étoiles qu'il y a dans la Voie lactée. Vous n'avez pas fini ! En effet, ce sont plus de 150 milliards d'étoiles qui la composent. La Voie lactée est la galaxie à l'intérieur de laquelle nous habitons, et le Soleil n'est qu'une simple étoile perdue parmi ces 150 milliards d'autres étoiles !

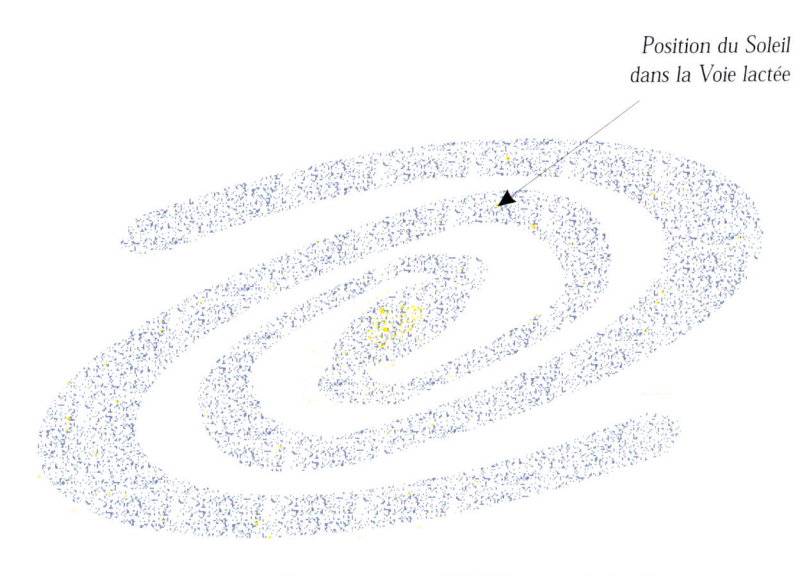

Position du Soleil dans la Voie lactée

Le diamètre de la Voie lactée est de 100 000 années de lumière.

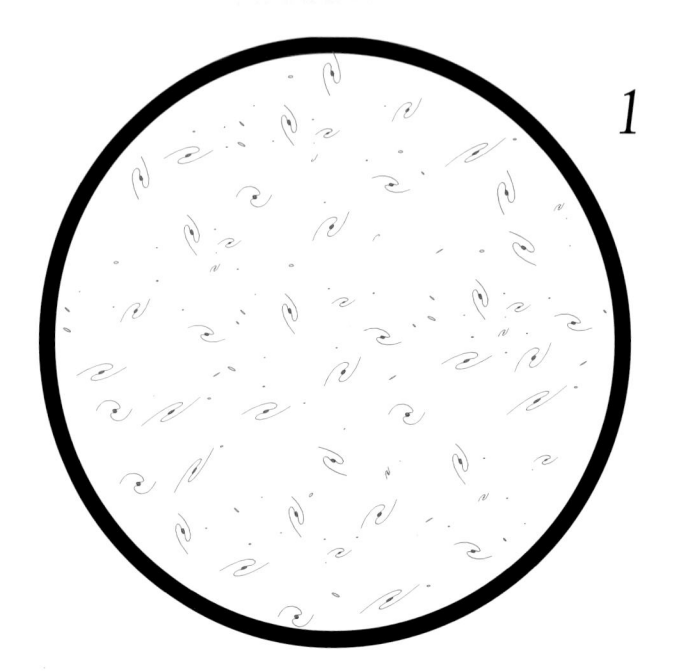

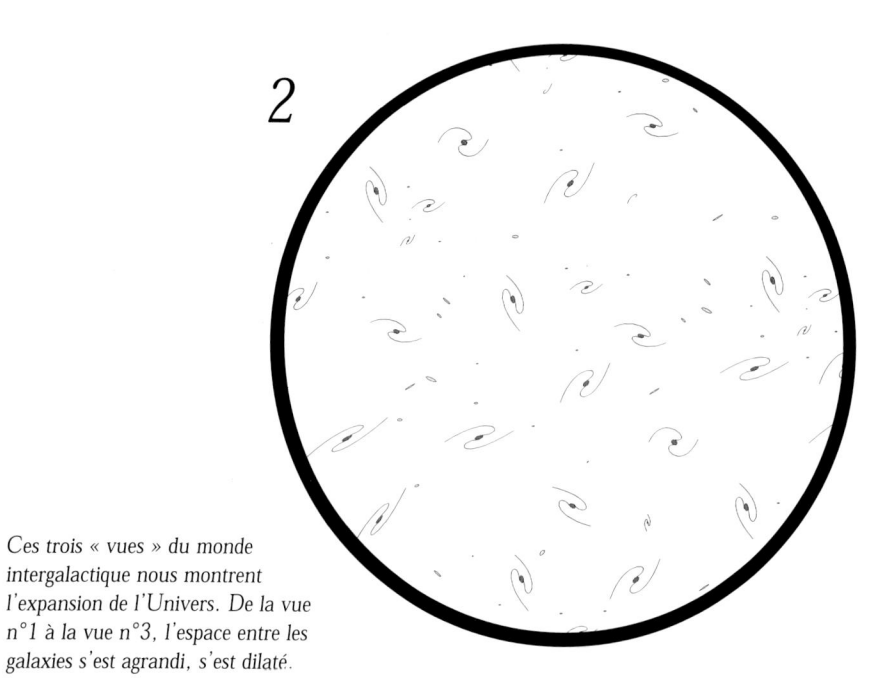

Ces trois « vues » du monde intergalactique nous montrent l'expansion de l'Univers. De la vue n°1 à la vue n°3, l'espace entre les galaxies s'est agrandi, s'est dilaté.

Le big-bang

En 1928, un astronome du nom d'Edwin Hubble (auquel on a dédié le télescope spatial américain) découvre que toutes les galaxies s'éloignent les unes des autres, que l'espace entre les galaxies s'agrandit et que l'Univers se dilate. Au moment où vous lisez ces lignes, notre *Voie lactée* s'éloigne des galaxies voisines à plusieurs milliers de km par seconde ! C'est ce que l'on appelle *l'expansion de l'Univers*. Si l'Univers se dilate, cela veut dire qu'autrefois il était plus compact et que les galaxies étaient plus proches les unes des autres. Mais cela signifie également que l'Univers était plus chaud, plus violent. D'où l'idée, formulée déjà dans les années trente, que l'Univers serait né de cette chaleur intense, de cette violence extrême produite il y a 15 milliards d'années environ et que l'on appelle le *big-bang*.

Aujourd'hui, la théorie du *big-bang* est le meilleur modèle permettant d'expliquer le cosmos, son évolution et son début. Mais elle ne peut rester qu'une hypothèse au regard de l'état actuel de nos connaissances.

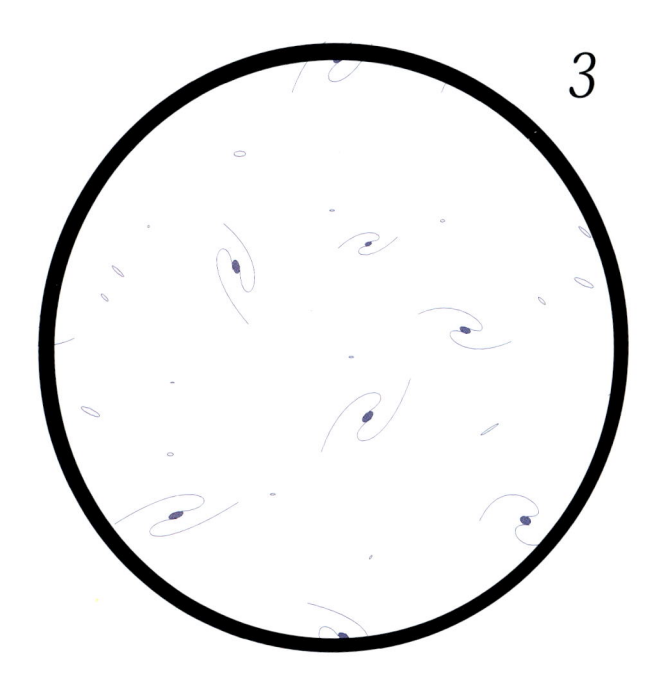

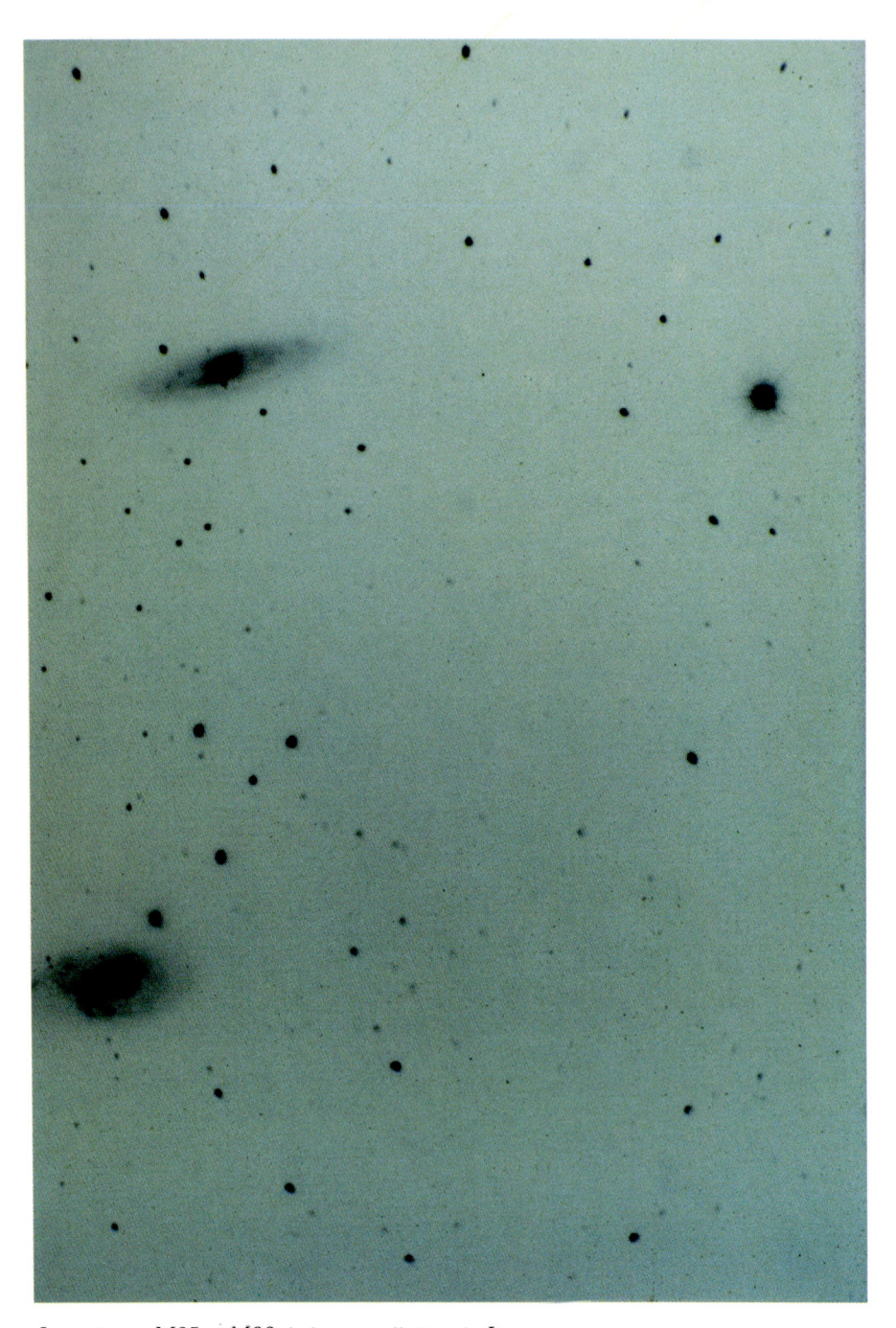

Les galaxies M65 et M66 de la constellation du Lion
Cette image peut nous donner une excellente idée de notre « voyage dans l'infini ».
Régulièrement, tous les millions « d'années de lumière », nous survolerons une galaxie
constituée de dizaines de milliards d'étoiles.

Qu'est-ce que l'infini ?

Pour comprendre ce que représente l'immensité de l'Univers nous allons faire un peu de science-fiction. Imaginez que vous ayez la possibilité de chevaucher un rayon de lumière.* Vous êtes sur votre rayon de lumière et vous quittez la Terre, droit devant vous, à près de 300 000 km par seconde. En 1,3 seconde, vous survolez les cratères de la Lune. En huit minutes, vous rasez les explosions solaires. En quelques heures, vous sortez du système solaire pour plonger dans le vide interstellaire. Et là, sur votre rayon de lumière, à près de 300 000 km par seconde, vous n'allez rien rencontrer durant des mois, *des années.*

Il vous faudra un peu plus de quatre ans de voyage pour atteindre l'étoile la plus proche, c'est-à-dire, peut-être, le système planétaire le plus proche. Vous allez le survoler en quelques heures, puis replonger dans le milieu interstellaire pour ne rien rencontrer durant des années. Puis, vous allez rencontrer à nouveau une étoile. Et ainsi de suite, pendant des milliers d'années, des dizaines de milliers d'années. Au bout de trente mille ans de voyage environ, vous allez sortir de la *Voie lactée*, sortir de notre galaxie et plonger dans le vide intergalactique. Et là, sur votre rayon de lumière, à près de 300 000 km par seconde, durant des siècles, des milliers de siècles, vous n'allez plus rien rencontrer. Pas une étoile, pas un monde, rien…

Il vous faudra plus de deux millions d'années pour atteindre la galaxie la plus proche, nommée la *galaxie d'Andromède*. Vous allez mettre deux cent mille ans pour la parcourir et replonger ensuite dans le monde intergalactique, où vous ne verrez plus rien durant des millions d'années. Puis, vous allez trouver une nouvelle galaxie, et ainsi de suite, durant des milliards d'années. *p.56*

Au bout de plus de dix milliards d'années de voyage, vous allez sans doute commencer à être fatigué. Vous vous arrêterez et regarderez autour de vous. Vous découvrirez alors, avec angoisse, qu'à l'échelle de l'Univers, vous n'avez pas avancé d'un pouce. Il vous reste toujours autant de distance à parcourir, de galaxies à survoler et de mondes à découvrir. Alors, allez comprendre !

* *Cette idée vient d'Einstein lui-même !*

Le « guetteur de comète » : la comète Hale-Bopp
Photographiée depuis le site mégalithique du Mont-Lozère (48), le 6 avril 1997.
Objectif de 50 mm à 2.

Y a-t-il de la vie ailleurs dans l'Univers ?

Sommes-nous seuls dans l'Univers, ou bien, la vie s'est-elle développée ailleurs que sur notre planète ? À cette question extraordinaire et lourde de conséquences, nous ne pouvons donner de réponse définitive, mais juste énoncer une idée.

Première observation importante : nous pouvons affirmer que nous n'habitons pas une région exceptionnelle de l'Univers. Non, la région où nous vivons est complètement banale et reproduite en des milliards d'exemplaires. Nous habitons un astre, la Terre, petite planète qui tourne autour du Soleil, étoile banale parmi plus de 150 milliards d'autres étoiles. Celles-ci composent notre *Voie lactée*, elle-même galaxie banale au milieu de centaines de milliards d'autres galaxies dans l'Univers, qui possèdent toutes des dizaines de milliards d'étoiles.

Aussi, devant un tel nombre de soleils et de systèmes planétaires potentiels, la probabilité pour qu'une forme de vie ait pu apparaître sur l'une de ces planètes est énorme. Mais, si les chances de vies extraterrestres sont réelles, il existe une autre grande question. La vie apparaît-elle « automatiquement » lorsque les conditions physico-chimiques d'une planète sont réunies, ou bien faut-il un nombre considérable de facteurs pour qu'elle puisse naître ?

C'est pour cette raison que l'étude de la planète Mars est aussi importante. En effet, s'il était prouvé qu'une forme de vie, même minime, soit apparue à un moment donné sur le sol martien, ce serait une découverte extraordinaire. Car si la vie a réussi à apparaître sur deux planètes d'un même système, la Terre et Mars du système solaire, cela voudrait peut-être dire alors que l'Univers grouille de vie !

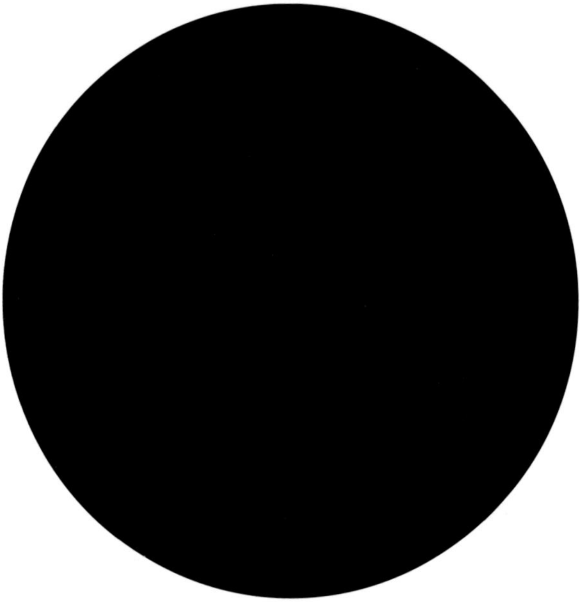

Les trous noirs

Sans rentrer dans le détail, et juste pour comprendre l'idée du phénomène *trou noir*, nous allons imaginer que vous jouez au ballon. Vous tapez dans votre ballon vers le haut. Il monte, ralentit, puis retombe au sol car il est attiré par la Terre. Vous savez que plus vous tapez fort dans votre ballon, plus il montera haut. Mais vous savez aussi, par expérience, que vous ne pourrez jamais l'envoyer dans l'espace. Car pour pouvoir s'arracher complètement de l'attraction de la Terre, et faire partir un objet dans l'espace, il faut pouvoir lui donner une vitesse initiale d'au moins 11,2 km par seconde ! C'est ce que l'on appelle la *vitesse de libération* de l'attraction de la Terre. Or, plus un astre, une planète ou une étoile, est lourd et dense, plus sa force d'attraction sera importante, plus vous serez écrasé à sa surface, et plus il vous faudra d'énergie pour pouvoir vous en arracher. Par exemple, pour quitter complètement le Soleil, qui est bien plus dense que notre planète, il faut aller à plus de 620 km par seconde. Pour s'arracher de certaines étoiles plus dense encore, il faut aller à plusieurs milliers de km par seconde... Ainsi, imaginez que pour quitter une étoile d'une densité de matière presque infinie, il faudrait aller plus vite que 300 000 km par seconde, c'est-à-dire plus vite que la lumière, ce qui est impossible. Mais que fait la lumière ? Elle retombe alors sur l'étoile, tout comme notre ballon qui retombe sur la Terre. La lumière ne peut s'échapper de l'étoile qui devient alors invisible. Un trou noir est alors né.

Un *trou noir* est probablement, à l'origine, une étoile gigantesque, énorme, qui, à la fin de sa vie, implose au lieu d'exploser ! L'astre est devenu si dense, la force d'attraction est telle que même sa propre lumière ne peut plus s'en échapper...

1

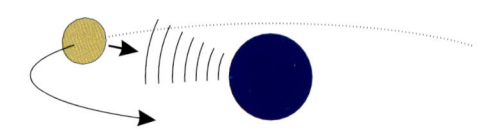

Deux explications de la gravitation :
pour NEWTON, sur le schéma 1, c'est une force ;
pour EINSTEIN, sur le schéma 2,
c'est une déformation de l'espace-temps.

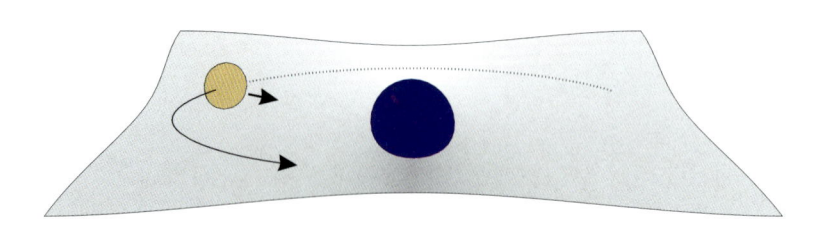

2

Pourquoi une pomme tombe-t-elle sur la Terre ?

La légende raconte qu'en 1666 le jeune physicien Isaac Newton, se reposant au pied d'un pommier, remarqua une pomme tombant au sol. Au même moment, il distingua la Lune dans le ciel et se posa cette question : « Pourquoi la Lune ne tombe-t-elle pas sur la Terre comme cette pomme ? »

Newton a alors cette réponse géniale de penser que oui, la Lune tombe continuellement vers notre planète, mais que deux forces sont en jeu. L'attraction de la Terre qui attire la Lune, d'une part, et la force centrifuge provoquée par le mouvement rapide de la Lune autour de notre planète, d'autre part. Cette dernière la pousse à s'éjecter de son orbite, tout comme le subirait le passager d'une voiture prenant un tournant à grande vitesse. Ainsi, la Lune parcourt tranquillement son orbite en équilibre entre ces deux forces. À la suite de cette observation, Newton formulera les *lois de la gravitation universelle* qui permettront de calculer tous les mouvements des astres dans l'Univers, jusqu'à la chute d'une pomme sur la Terre. Donc, pour lui, la pomme tombe parce qu'elle est attirée par la force gravitationnelle de la Terre. Il induit ainsi que tous les mouvements de l'Univers s'expliquent grâce à cette force.

Cependant, près de 250 ans plus tard, vers 1918, le physicien allemand Albert Einstein va formuler une théorie aux bases radicalement différentes. Pour lui la pomme tombe, non pas grâce à une attraction de la Terre, mais parce que notre planète déforme *l'espace-temps*. Cette nouvelle théorie s'appelle la *relativité générale*. Pour comprendre, imaginons que quatre personnes tendent un drap en le tirant aux quatre coins. Une cinquième personne dépose au milieu du drap tendu une bille de plomb qui, par son poids, va déformer et légèrement incurver le drap. Imaginons maintenant que nous y fassions rouler une deuxième bille. Celle-ci aura tendance à tomber vers la première bille de plomb du fait de la déformation du drap. Si on place, au lieu de la première bille de plomb, une boule de pétanque, le drap en sera d'autant plus déformé et « attirera » d'autant plus... Dans cet exemple, la bille de plomb représente la Terre, la deuxième bille la Lune et la boule de pétanque le Soleil. Le drap, lui, représente l'espace-temps déformé par la présence d'un objet. Einstein a ainsi découvert que l'espace et le temps étaient liés comme un tissu géométrique et que tous deux pouvaient être étirés par un objet. Un astre va donc attirer parce qu'il déforme l'espace autour de lui et provoquer alors une distorsion du temps. Ainsi, les lois d'Einstein ont pour conséquence étonnante que l'écoulement du temps n'est pas le même, par rapport à un autre observateur, selon que vous êtes situés près d'un astre massif ou non.

La grande lunette de l'Observatoire de Nice
4ᵉ lunette du monde par son diamètre de 76 cm.
Cette lunette mesure 18 mètres de longueur.

La lunette

Lorsque, dans une nuit de novembre 1609, le Florentin GALILÉE pointe pour la première fois sa lunette vers le ciel, il est certainement bien loin de pouvoir imaginer les découvertes fantastiques qu'il va réaliser. Des montagnes de la Lune aux satellites de Jupiter, jusqu'aux étoiles innombrables et invisibles à l'œil nu, c'est un Univers radicalement bouleversé pour les idées de l'époque qui apparaît à ses yeux.

Composée, à l'origine, de deux groupes de lentilles (une lentille principale convexe et une lentille secondaire située au foyer de la première), la lunette devient, à partir des observations de GALILÉE, un instrument scientifique. Il faut savoir que, jusqu'à cette date, cet instrument, connu probablement depuis la fin du XVIe siècle, n'était qu'un jeu de foire aux performances médiocres.

La lunette connaîtra, durant les trois siècles suivants, un développement considérable pour aboutir aux grandes lunettes du XIXe siècle dont la plus grande du monde, la lunette Yerkes aux États-Unis, mesure un mètre de diamètre !

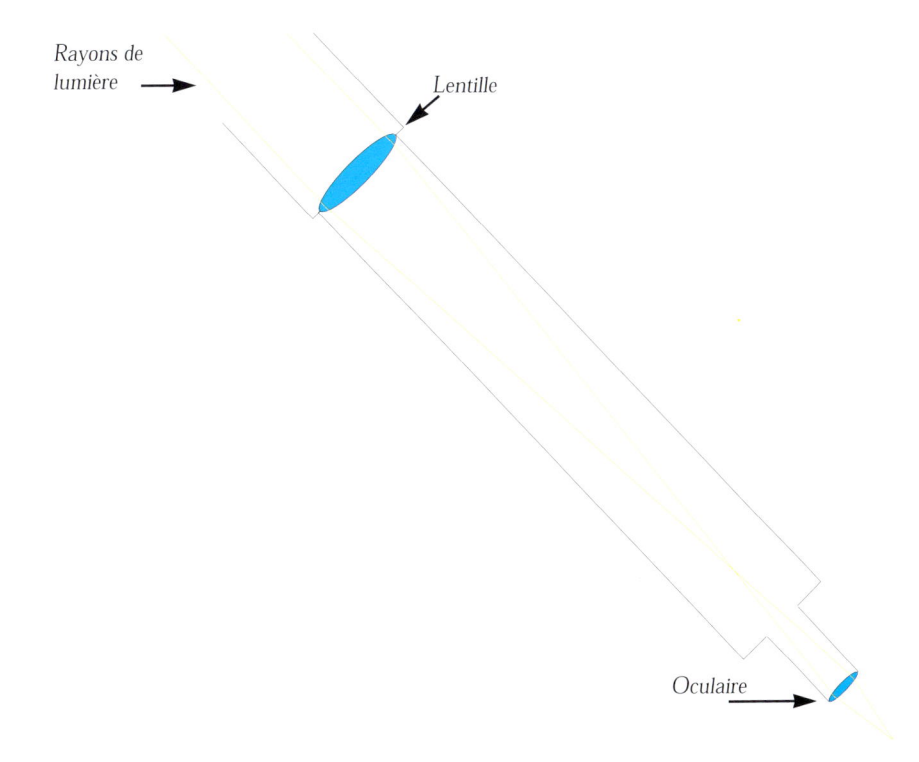

Rayons de lumière →   *Lentille* ←

Oculaire →

Le grand télescope de l'Observatoire de Haute-Provence (04)
Le diamètre est de 193 cm.

Le télescope

Le télescope est devenu, au XXe siècle, l'instrument principal de l'observation astronomique et a totalement supplanté la lunette. À l'opposé de cette dernière, dont le principe optique fait que la lumière est réfractée à l'intérieur d'un jeu de lentille, le télescope en revanche, fonctionne grâce à un jeu de réflexions. La lumière, après avoir pénétré dans le tube de l'instrument, est réfléchie et concentrée grâce à un miroir principal incurvé. Ensuite, elle est renvoyée à l'extérieur du tube, par un miroir secondaire, pour être amplifiée par un oculaire.

Les télescopes possèdent de nombreux avantages sur les lunettes dès l'instant où l'on arrive à de très grands diamètres. L'un de ces avantages est qu'il n'y a qu'une seule face à polir pour le miroir d'un télescope, contrairement à l'objectif d'une lunette, composé bien souvent de plusieurs lentilles possédant chacune deux faces à polir. C'est ainsi que les télescopes modernes atteignent la taille gigantesque de huit mètres de diamètre !

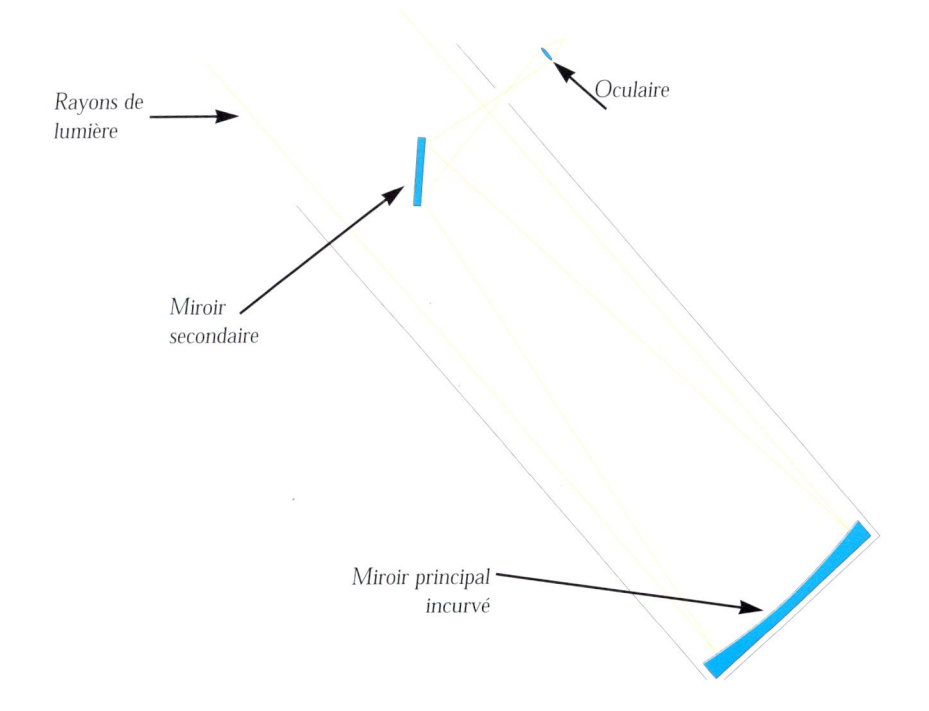

L'Observatoire du Pic du Midi de Bigorre (65)
L'un des meilleurs sites d'observation au monde.

Les observatoires astronomiques

Situé au sommet d'une montagne, au milieu d'un désert d'altitude, ou sur le volcan d'une île du Pacifique, un observatoire astronomique est, généralement, un lieu géographique dénué de toute anthropisation. En effet, l'étude de l'Univers, par des instruments optiques, nécessite une très grande pureté du ciel et des conditions atmosphériques très particulières.

La pollution des villes et leur éclairage, les industries et leurs poussières sont, bien sûr, des éléments à bannir de l'environnement de tout observatoire. Mais l'ennemi principal de l'observation astronomique est la turbulence atmosphérique. Celle-ci, produite par des différences de température dans l'atmosphère, trouble les images des astres en provoquant ce scintillement des étoiles bien connu lors des nuits d'été. Ce phénomène est comparable à la surface métallique d'une voiture en pleine chaleur d'été qui trouble l'air situé juste au-dessus. Pour y échapper, le seul moyen est d'observer le ciel le plus haut possible, au-dessus des basses couches atmosphériques. L'observation des astres depuis la Terre se fait donc comme à travers une vitre, notre atmosphère, qui n'est pas toujours très propre et perturbe ainsi la qualité des images.

C'est principalement pour cette raison que les plus grands observatoires de la planète sont situés au sommet de montagnes. Le meilleur site d'observation est bien sûr l'espace lui-même, tel le télescope spatial américain Hubble, mais qui, pour des raisons financières, reste encore inabordable.

Une simple lunette peut déjà permettre une véritable plongée intergalactique…

Comment observer le ciel ?

Comment observer le ciel, ou plutôt comment contempler les phénomènes célestes ? Suivre le coucher d'un fin croissant lunaire dans les lueurs d'un crépuscule, la conjonction de plusieurs planètes entre elles, le déroulement d'une éclipse de Lune ou de Soleil... beaucoup de ces phénomènes peuvent être tout simplement observés depuis une ville. Un lieu dégagé et un peu en hauteur, tel un balcon, peut déjà se révéler être un site quotidien de contemplation céleste.

Bien sûr, l'éloignement de la ville et de toute pollution lumineuse (lampadaires, phares de voitures...) sera le bienvenu, et nous ne pouvons que vous encourager à profiter de séjours à la campagne ou en montagne pour contempler, la nuit, la voûte céleste. Sachez que l'observation à l'œil nu, sans instrument, vous permettra déjà de voir quelques trois mille étoiles ainsi que les principales planètes. Vous pourrez même porter votre regard au-delà de deux millions d'années de lumière avec la galaxie d'Andromède, qui vous apparaîtra sous la forme d'une petite tache floue nébulaire.

Cependant, un instrument que bien des personnes possèdent vous permettra une véritable plongée interstellaire et intergalactique. En effet, avant d'envisager l'achat d'une lunette ou d'un télescope, la paire de jumelles est déjà un très bon outil d'observation astronomique. Certes, vous ne ferez que deviner les cratères lunaires et vous ne pourrez pas espérer observer les anneaux de Saturne en raison du trop faible grossissement proposé. En revanche, ce sera un excellent « collecteur de lumière » qui vous permettra de voir des dizaines de nébuleuses interstellaires ou des galaxies jusqu'à plusieurs millions d'années de lumière de notre planète. Mais, l'instant le plus saisissant avec ce genre d'instrument sera l'observation de la Voie lactée.

Confortablement assis dans un fauteuil, ou couché sur l'herbe, par une belle nuit d'été sans Lune, la vision de la Voie lactée à travers une paire de jumelles est à couper le souffle. Cette grande bande laiteuse qui traverse le ciel vous apparaîtra alors comme constituée d'étoiles par millions. Une multitude de points de lumière environnés de filaments de gaz interstellaire. Vous comprendrez alors d'un coup d'œil, tout comme le fit GALILÉE il y a près de 400 ans, la véritable nature de la Voie lactée. Une galaxie, la nôtre, composée de milliards d'étoiles, perdue dans l'immensité silencieuse du monde.

BIBLIOGRAPHIE

Pour découvrir l'astronomie

• *Poussières d'étoiles*, Hubert REEVES, coll. « Points Sciences », Le Seuil, 1994.

Apprendre à observer le ciel

Balade sous les étoiles, François BARRUEL, Nathan, 1998.
Le petit livre des constellations, Hervé BURILLIER, Burillier, 1997.
Découvrir le ciel, Hervé BURILLIER, Burillier, 1998.
Le guide de l'observation du ciel, Philippe HENAREJOS,
Sélection du Reader's Digest, 1998.
Sachez lire les étoiles, H. A. REY, Édition Maritime d'Outre Mer, 1985.

Guides du ciel

À l'affût des étoiles, Pierre BOURGE et Jean LACROUX, Dunod, 1980.
Le guide du ciel (de l'année en cours), Guillaume CANNAT, Nathan.

Encyclopédies d'astronomie

Le grand atlas de l'astronomie, sous la responsabilité scientifique de Jean AUDOUZE
et de Guy ISRAËL, Encyclopaedia Universalis France S.A., 1986.
Astronomie Flammarion, sous la direction de Jean-Claude PECKER, Flammarion, 1985.

Beaux livres sur l'astronomie

L'Univers, une exploration de l'infini, Serge BRUNIER, Bordas, 1997.
Voyage dans le système solaire, Serge BRUNIER, Bordas, 1993.

BIBLIOGRAPHIE

Histoire de l'astronomie

Galilée, l'expérience sensible, ouvrage collectif, Vilo, 1990.
Camille FLAMMARION, Ph. de LA COTARDIÈRE et Patrick FUENTES, Flammarion, 1994.
Et pourtant, elle tourne !, Jacques GAPAILLARD, Le Seuil, 1993.
- *Galilée*, Ludovico GEYMONAT, coll. « Points Sciences », Le Seuil, 1992.
La passion des astres au XVIIe siècle, de l'astrologie à l'astronomie, Micheline GRENET, coll. « La vie quotidienne, l'Histoire en marche », Hachette, 1994.
- *Les somnambules*, Arthur KOESTLER, Calmann-Lévy, 1960.
Du monde clos à l'Univers infini, Alexandre KOYRE, Gallimard, 1973.
- *La Révolution Copernicienne*, Thomas S. KUHN, Fayard, 1973.
Newton et la mécanique céleste, Jean-Pierre MAURY, coll. « Découvertes », Gallimard, 1990.
Hubble l'inventeur du big bang, Igor NOVIKOV et Alexander SHAROV, Flammarion, 1995.
Galilée hérétique, Pietro REDONDI, Gallimard, 1985.

Ouvrages plus spécialisés

Le destin des étoiles, pulsars et trous noirs, George GREENSTEIN, coll. « Science ouverte », Le Seuil, 1987.
- *Les trous noirs*, Jean-Pierre LUMINET, coll. « Point Sciences », Le Seuil, 1987.
- *Patience dans l'azur*, Hubert REEVES, coll. « Point Sciences », Le Seuil, 1988.

I N D E X

Andromède (galaxie d'...), *56*, 63, 77
Année de lumière, 45
Astéroïde, 13
Aurore boréale, *24*, 25
Astrologie, 43

Big-bang, 13

Cendrée (lumière), *16*, 17
Cirque, 13
Comète, 33, 35
Comète de Halley, *32*, 33
Constellation, 41, 43
Continent lunaire, 11
Copernicienne (révolution), 43
Couleur (des étoiles), 51
Cratère, 13

Eclipse, 27
Einstein, 69
Espace-temps, 69
Étoile, 51, 53, 55
Étoile filante, 37
Étoile du berger, 31, 39
Étoile Polaire, 39, 49
Expansion de l'Univers, 61
Extraterrestre (vie), 65

Galilée (astronome), 7, 71
Galaxie, 57, 61
Galaxie d'Andromède, *56*, 63, 77
Grande Ourse (constellation), 39
Gravitation
   (influence gravitationnelle), 9, 19, 69
Grecs (astronomes), 41

Halley (astronome), 33
Halley (comète de ...), *32*, 33
Haute-Provence (observatoire), *72*
Hubble (astronome), 7, 61
Hubble (télescope), 61, 75

Jupiter, 29, 71
Lune, 9, 11, 13, 15, 17, 19

Lunette, 71
Lumière cendrée, 17

Marées, 9, 19
Mars, 65
Mers (lunaires), 11
Météorite, 13, 37

Nébuleuses, 53
Nébuleuses d'Orion, *52*, 53
Newton (astronome), 33, 69
Nice (observatoire), *70*

Observatoire de Haute-Provence, *72*
Observatoire de Nice, *70*
Orion (nébuleuse d'...), *52*, 53

Pascal (philosophe), 43
Phases (de la Lune), 15
Planète, 29, 43, 65
Pluton, 47
Proxima du Centaure, 47

Relativité générale, 69
Révolution Copernicienne, 43

Satellite naturel, 9
Soleil, 21, 25, 55, 59
Système solaire, 29, 33, 37

Taches solaires, 21
Télescope, 73
Thermonucléaire (réaction), 21, 53, 55
Trou noir, 67

Vénus, 31
Vent solaire, 25, 35
Vinci (de), 17
Vie extraterrestre, 65
Voie lactée, 57, *58*, 59

Yerkes (lunette de...), 71

Imprimé en Italie par Stamperia Artistica Nazionale - Turin